"十三五"职业教育国家规划教材

应用电子技术专业现代学徒制岗位课程建设成果

广东省高等职业教育品牌专业建设项目

SMT 印刷技术与实践教程

冯海杰　王红梅　编　著

電子工業出版社

Publishing House of Electronics Industry

北京 • BEIJING

内 容 简 介

本书以表面组装技术（SMT）印刷工艺为主线，以典型产品在教学环境中的实施为依托，循序渐进地介绍了 SMT 锡膏、网板、印刷机、全自动印刷机编程、印刷机的维护与保养等理论知识和常见印刷问题的分析解决等相关知识。在内容选取和结构设计上，既满足理论够用，又注重实操技能的培养。

本书可作为高等职业院校或中等职业院校 SMT 专业或应用电子技术专业的教学用书，也可作为 SMT 专业技术人员与电子产品制造工程技术人员的参考用书。

图书在版编目（CIP）数据

SMT 印刷技术与实践教程 / 冯海杰，王红梅编著. —北京：电子工业出版社，2017.7
ISBN 978-7-121-31709-5

Ⅰ. ①S… Ⅱ. ①冯… ②王… Ⅲ. ①SMT 技术 Ⅳ.①TN305

中国版本图书馆 CIP 数据核字（2017）第 121096 号

策划编辑：王昭松
责任编辑：王昭松　　特约编辑：马凤红
印　　刷：北京虎彩文化传播有限公司
装　　订：北京虎彩文化传播有限公司
出版发行：电子工业出版社
　　　　　北京市海淀区万寿路 173 信箱　邮编 100036
开　　本：787×1 092　1/16　印张：6.75　字数：156 千字
版　　次：2017 年 7 月第 1 版
印　　次：2022 年 8 月第 11 次印刷
定　　价：32.00 元

凡所购买电子工业出版社图书有缺损问题，请向购买书店调换。若书店售缺，请与本社发行部联系，联系及邮购电话：（010）88254888，88258888。

质量投诉请发邮件至 zlts@phei.com.cn，盗版侵权举报请发邮件至 dbqq@phei.com.cn。

本书咨询联系方式：（010）88254015　wangzs@phei.com.cn　QQ：83169290。

前　言

随着半导体技术和材料技术等相关技术的飞速发展，表面组装技术（SMT）已成为现代电子组装技术的主流，市场上对掌握 SMT 知识的专业技能型人才的需求也日益增大。

表面组装技术是一门综合性较强的技术，涉及表面组装元器件、PCB、组装材料、组装工艺、组装设备、组装质量与检测、组装系统控制与管理等多个方面。技术人员不仅要掌握理论知识，还需要结合生产环境的实践才能真正学会这门技术。目前市面上的书籍多集中在理论知识的讲解上，通过实际产品案例，并将专业理论融于实践的书籍并不多见。有鉴于此，作者以企业岗位 SMT 项目实践为主线，以职业能力培养为目标，以工学结合为重点，基于工作过程，把本书编写成一本将理论知识学习、实践能力培养融于一体的项目化书籍。

本书是广东省应用电子技术专业现代学徒制岗位课程建设成果，侧重于 SMT 印刷技术与实践，在内容上主要包括 SMT 概述和印刷工艺认知、锡膏、锡膏印刷设备、全自动锡膏印刷作业、全自动印刷机编程、全自动印刷机的维护与保养、锡膏印刷异常处置等七个项目，每个项目均以工作任务为依托，先介绍基本操作，然后阐述相关理论知识，使实践与理论完美结合。

本书由冯海杰（广东科学技术职业学院）、王红梅（广东科学技术职业学院）编著，黄进财（广东科学技术职业学院）、王海峰（广东科学技术职业学院）、连小兰（珠海鑫润达电子有限公司）、陈新江（迈科智能科技股份有限公司）参与了部分内容的整理和校对。

在编写本书的过程中，珠海鑫润达电子有限公司、迈科智能科技股份有限公司等企业给予了大力支持。在此，对给予支持的相关指导人员、评审人员表示衷心的感谢!

由于作者水平有限，书中难免有疏漏之处，恳请广大读者批评指正。

编著者

2017 年 4 月

目　　录

项目一

SMT 概述和印刷工艺认知

工作任务　认识 SMT 车间

1. 任务描述

如果有客户到 SMT 生产车间（图 1-1）参观，学生需要简单介绍 SMT 生产线的印刷机、贴片机、回流焊机等设备的作用和型号，使其大致了解 SMT 生产工艺。

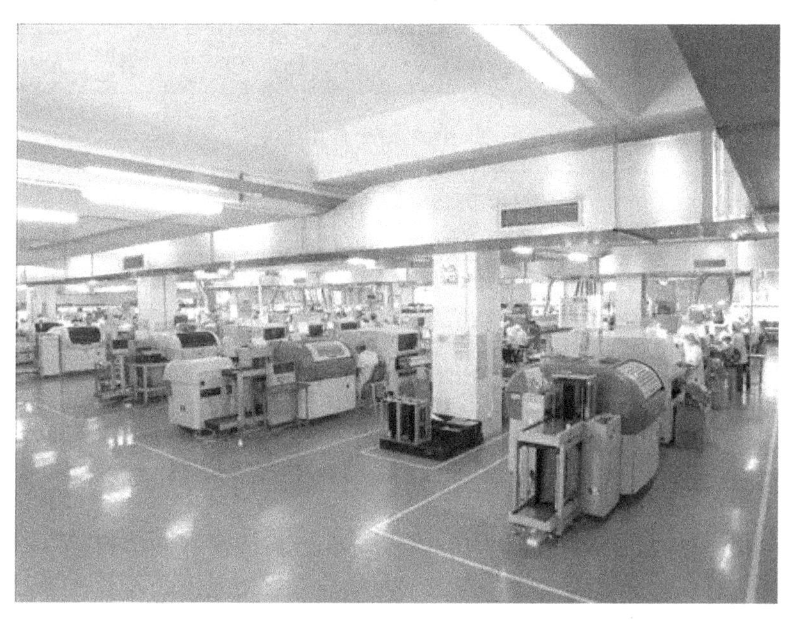

图 1-1　SMT 生产车间

2. 工作场景

SMT 生产车间，包括 SMT 设备、防静电手套、防静电服、防静电腕带等设备和设施，学生每 2～4 人一组。

3. 知识目标

（1）了解并能描述SMT生产线的设备、电源、气源、工作环境及防静电要求。
（2）了解并能描述SMT生产车间的安全警示标志。

4. 能力目标

（1）能正确穿戴静电防护设施（图1-2）。
（2）能按照安全规范和企业规范带领客户参观SMT生产车间。

图1-2 SMT车间参观准备

任务一 电子组装的基本概念、主要设备及工作环境要求

一、电子组装的基本概念

1. 电子组装技术

电子组装技术（Electronic Assembly Technology）又称为电子装联技术。电子组装技术是根据成熟的电路原理图，将各种电子元器件、机电元器件和基板合理地设计、互连、安装、调试，使其成为适用的、可生产的电子产品（包括集成电路、模块、整机、系统）的技术过程。

2. THT

THT（Through Hole Technology）是通孔插入安装技术的英文简称，其电路如图1-3所示。使用这种技术可以将元器件引出脚插入印制电路板相应的安装孔，然后与印制电路板面的电路焊盘焊接固定。

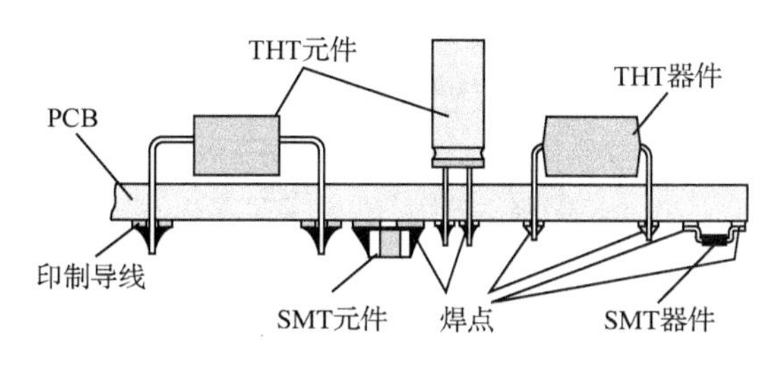

图 1-3　THT 电路

3. SMT

SMT（Surface Mount Technology）是表面组装技术的英文简称，其电路如图 1-4 所示，是一种将表面组装元器件贴装到指定的涂敷了焊膏或黏结剂的 PCB 焊盘上，然后经过再流焊或波峰焊使表面组装元器件与 PCB 焊盘之间建立可靠的机械和电气连接的组装技术。如图 1-5 所示，表面组装技术通常包括表面组装元器件、表面组装电路板及图形设计、表面组装工艺材料——焊锡膏及贴片胶、表面组装设备、表面组装焊接技术（包括波峰焊、再流焊、气相焊、激光焊）、表面组装测试技术、清洗技术及表面组装生产管理等多方面内容。这些内容可以归纳为三个方面：一是设备，人们称它为 SMT 的硬件；二是装联工艺，人们称它为 SMT 的软件；三是电子元器件，它既是 SMT 的基础，又是 SMT 发展的动力，它推动着 SMT 专用设备和装联工艺不断更新和深化。

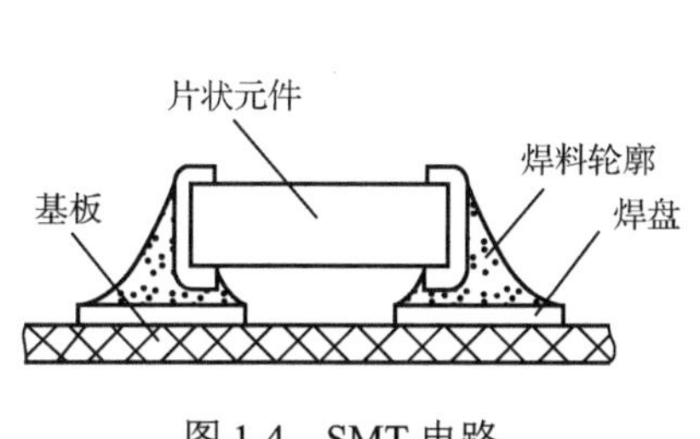

图 1-4　SMT 电路

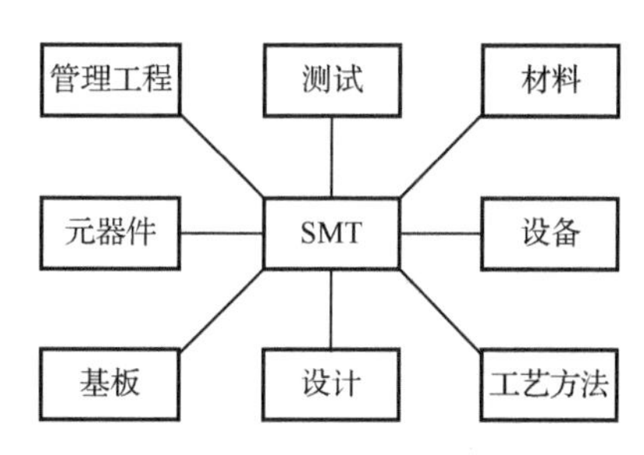

图 1-5　SMT 的组成

二、电子组装技术组成

电子组装技术是根据成熟的电路原理图，将各种电子元器件、机电元器件及基板合理地设计、互连、安装、调试，使其成为适用的、可生产的电子产品（包括集成电路、模块、整机、系统）的技术过程。

如图 1-6 所示，电子组装技术是一门电路、工艺、结构、组件、器件、材料紧密结合的、多学科交叉的工程学科，涉及集成电路固态技术、厚薄膜混合微电子技术、印制电路板技术、通孔插装技术、表面组装技术、微组装技术和电子电路技术等领域。

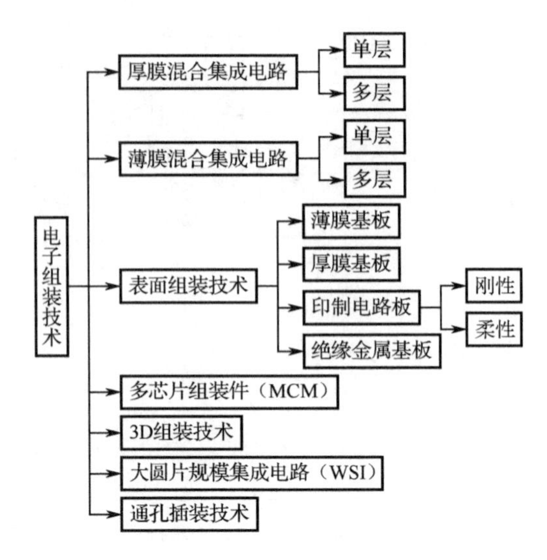

图 1-6　电子组装技术组成

三、SMT 生产的主要设备

一般说来，SMT 生产线主要包含上板机、印刷机、贴片机、回流焊机、自动光学检测设备（AOI）、波峰焊机、气站和电源等。典型的 SMT 生产设备构成见表 1-1。

表 1-1　典型的 SMT 生产设备构成

设备名称	上板机	印刷机	贴片机	回流焊机	AOI	波峰焊机	气站
型　号	UF-500	GKG-G5/日东 G510	三星 482S	Genesin-608	ALD515	FM-350	BDW-30A
厂　商	深圳富莱恩	东莞凯格	三星	日东	神州视觉	日东	上海保德

1. 上板机

上板机的基本功能：用于在 SMT 生产线的源头将成叠的 PCB 光板逐一上到生产线上，一般使用微计算机控制，可根据 PCB 厚度设定料架升降步距，并具有声光报警功能，如图 1-7 所示为深圳富莱恩 UF-500 上板机。

2. 印刷机

焊膏印刷机的基本功能：采用丝网印刷或网板印刷技术，将定量的焊膏精确、均匀、快速地涂敷在 PCB 的各个指定位置上。用于 SMT 的印刷机大致分为三种档次：手动、半自动和全自动印刷机。如图 1-8 所示为 G5 全自动印刷机。

3. 贴片机

贴片机是 SMT 生产线上技术含量最高的生产设备，负责将元器件精确、无损地贴装至 PCB 指定的位置上。衡量贴片机性能的技术指标有很多，最主要的有贴装速度、

贴装精度、PCB 尺寸、贴装范围等。如图 1-9 所示为三星 482S 多功能贴片机。

图 1-7　深圳富莱恩 UF-500 上板机

图 1-8　G5 全自动印刷机

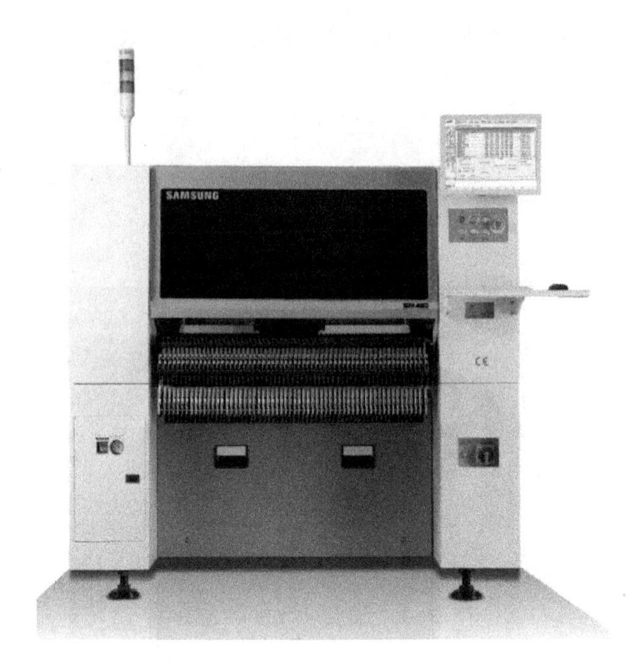

图 1-9　三星 482S 多功能贴片机

4. 回流焊机

回流焊机是 SMT 生产线的后道工序，负责将已经贴装好的 PCB 和元器件的焊料熔化后与主板黏结。回流焊机同样有很多品种，如热风回流焊、热丝回流焊、热气回流焊、激光回流焊等。如图 1-10 所示为日东 Genesin-608 热风回流焊机。

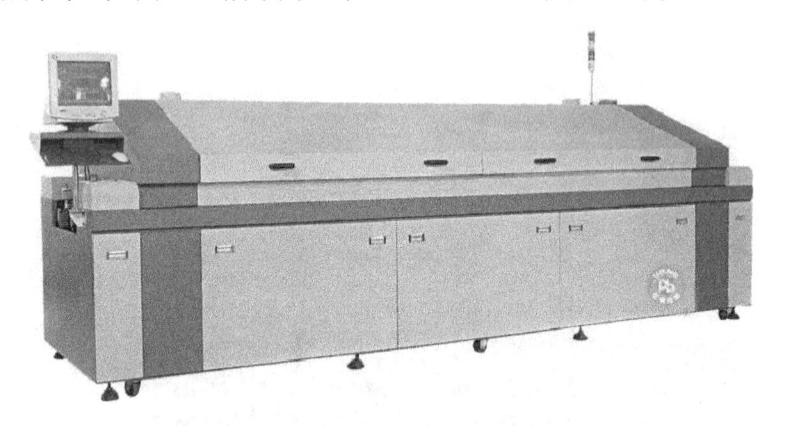

图 1-10　日东 Genesin-608 热风回流焊机

5. 自动光学检测设备

通常 AOI 是在批量生产中采用的一种在线检测方法。AOI 系统中包括多光源照明、高速数字摄像机、高速线性电机、精密机械传动、图像处理软件等部分。当自动检测时，AOI 设备通过摄像头自动扫描 PCB，将 PCB 上的元器件或者特征（包括印刷的

焊膏、贴片元件状态、焊点形态及缺陷等）捕捉成像，通过软件处理，与数据库中合格的参数进行综合比较，从而判断这一元器件及其特征是否完好，然后得出检测结果，判断是否存在元器件缺失、极性反转、桥接或者焊点各种质量问题等。如图 1-11 所示为神州视觉 ALD515 全自动光学检测设备。

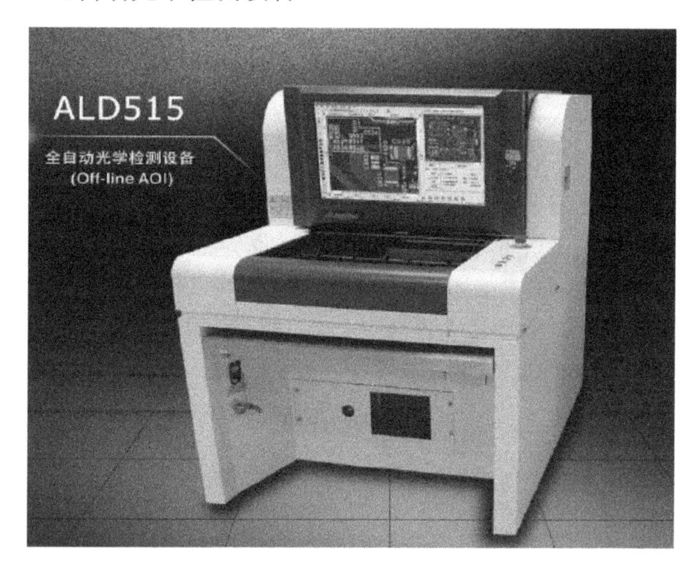

图 1-11　神州视觉 ALD515 全自动光学检测设备

6. 波峰焊机

波峰焊是指将熔化的软钎焊料（铅锡合金），经电动泵或电磁泵喷流成设计要求的焊料波峰，也可通过向焊料池注入氮气来形成，使预先装有元器件的印制电路板通过焊料波峰，实现元器件焊端或引脚与印制电路板焊盘之间机械与电气连接的软钎焊。如图 1-12 所示为日东 FM-350 无铅型波峰焊锡机。

图 1-12　日东 FM-350 无铅型波峰焊锡机

7. 气站

空气仅次于电力，是 SMT 生产的第二大动力源。一条配置完善的 SMT 生产线的正常使用气量为 600～1000L/min。为满足生产的正常进行，不仅要求提供稳定且足够的气压和流量，不少厂家的 SMT 设备在使用说明书中还强调所使用的压缩空气必须是干燥和清洁的。

大气中含有腐蚀性的气体、水蒸气、碳氢化合物等杂质，每立方米的空气中大约混有 1 亿 4 千万个固体微粒，这些杂质中有 80%以上的颗粒直径小于 2μm，因此可以很轻易地通过空压机和消声滤清器，进入压缩空气系统中。含有各种杂质的空气在经过简单的过滤后，便进入空压机进行压缩。在压缩气体时产生的高温和氧化作用会导致压缩机润滑油品质下降，并呈强酸性，这些固体微粒与压缩空气、油及水蒸气一起进入压缩空气管网系统时，会促使管网和设备产生锈蚀，从而增加了系统设备的维修费用。未经净化处理的压缩空气将给 SMT 生产带来严重的危害。如图 1-13 所示为上海保德的 BDW-30A 气站。

图 1-13　上海保德 BDW-30A 气站

四、生产环境要求和防静电要求

1. 生产环境要求

SMT 生产设备和工艺材料对环境的清洁度、温度和湿度都有一定的要求。为了保证设备正常运行和组装质量，对工作环境有较严格的要求。工作间要保持清洁卫生，无尘土和腐蚀性气体。环境温度以（23±3）℃为最佳，相对湿度为 45%～70%。

2. 电源、气源要求

SMT 生产线上的生产设备具有自动化程度高、精度高、速度高、价格昂贵等特点。片式元器件的几何尺寸非常小，怕热和静电等，且组装密度非常高。另外，SMT 的工艺材料如锡膏、贴片胶的黏度、触变性等性能与环境温度、湿度都有密切关系。因此，SMT 生产线对生产现场的电源、气源、通风、环境温度、相对湿度、空气清洁度、防静电等条件都有专门的要求。

（1）电源要求。电源电压规格和功率要符合设备要求。电压要稳定，一般要求为单相 AC 220V（±10%），三相 AC 380V（±10%），50/60Hz。如果达不到要求，须配置稳压电源，电源功率要大于设备功耗的一倍以上。

贴片机的电源要求独立接地，一般应采用三相五线制的接线方法。这是因为贴片机的运动速度很高，与其他设备接在一起会产生电磁干扰，影响贴片机的正常运行和贴装精度。

（2）气源要求。要根据设备的要求配置气源压力，可以利用工厂的气源，也可以单独配置无油压缩空气机。气源压力一般要求大于 $7kgf/cm^2$（$1kgf/cm^2=9.8\times10^4Pa$）。气源要求是清洁、干燥的空气，因此需要对压缩空气进行去油、去尘和去水处理。最好采用不锈钢或耐压塑料管作空气管道，不要用铁管作压缩空气输送管道。

回流焊机和波峰焊机都有排风及烟气排放要求，应根据设备要求配置排风机。对于全热风回流炉，一般要求排风管道的最低空气流量值为 $14.15m^3/min$。

3. 静电防护

在电子产品 SMT 制造过程中，静电是损坏元器件的主要因素，必须全面做好静电防护措施。随着电子元器件集成度的不断提高，元器件越来越小，SMT 组装密度越来越高，静电的影响越来越大。有关统计显示，在导致电子产品失效的因素中，静电占10%左右。因此，SMT 生产车间（图 1-14）必须为静电防护车间。工作环境与工作人员都必须采取静电防护措施。

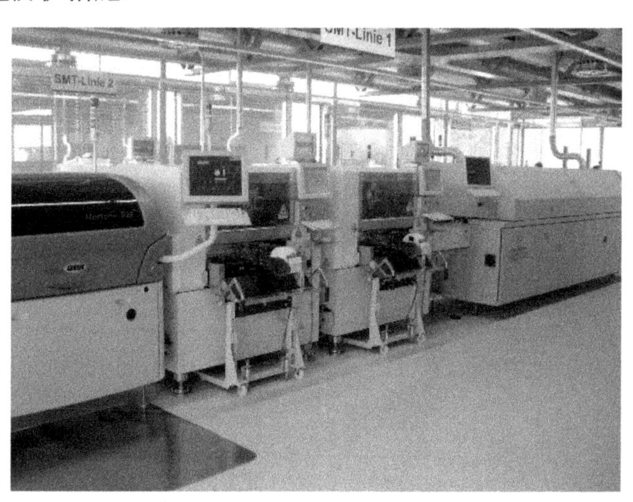

图 1-14　SMT 生产车间

生产现场主要采用以下一些静电防护措施。

（1）设立静电安全工作台。

（2）佩戴防静电腕带（图 1-15）。直接接触静电敏感器件的人员必须佩戴防静电腕带，腕带与人体皮肤应有良好接触。腕带必须对人体无刺激、无过敏影响。腕带系统对地电阻值应为 10^6～$10^8\Omega$。

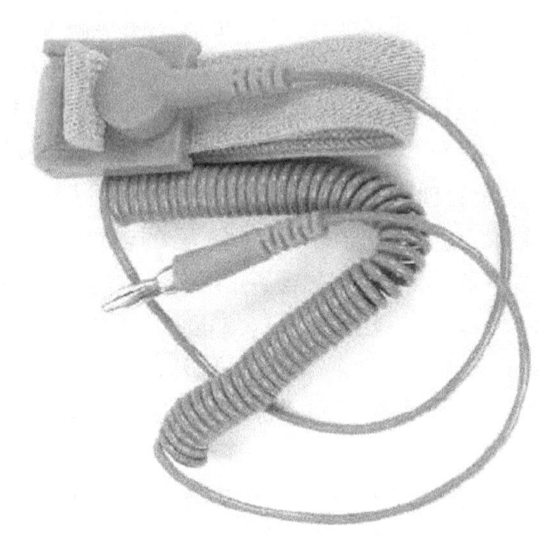

图 1-15　防静电腕带

（3）生产场所的元件盛料袋、周转箱、PCB 上下料架等应具备静电防护作用，不允许使用金属和普通容器，所有容器必须接地。

（4）消除绝缘材料表面的静电荷，应使用离子风静电消除器。

（5）穿防静电工作服，如图 1-16 所示，经过电子风淋室（图 1-17）除静电。

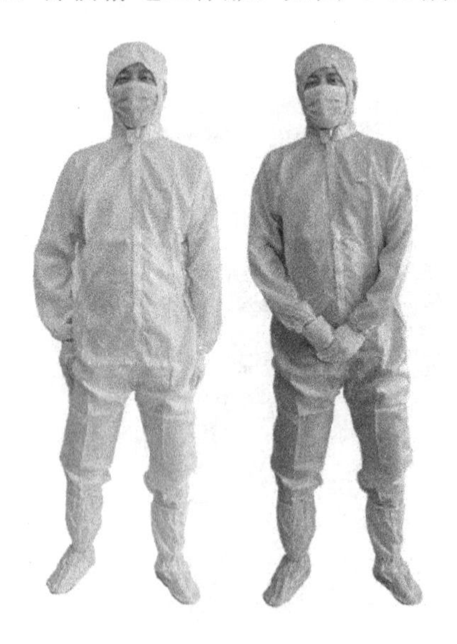

图 1-16　防静电工作服

图 1-17　电子风淋室

（6）穿防静电工作鞋（图 1-18）。进入防静电工作区或接触 SMD 的人员应穿防静电工作鞋，防静电工作鞋应符合 GB 21146—2007 的有关规定。一般情况下，不允许穿普通鞋进入防静电工作区或接触 SMD。

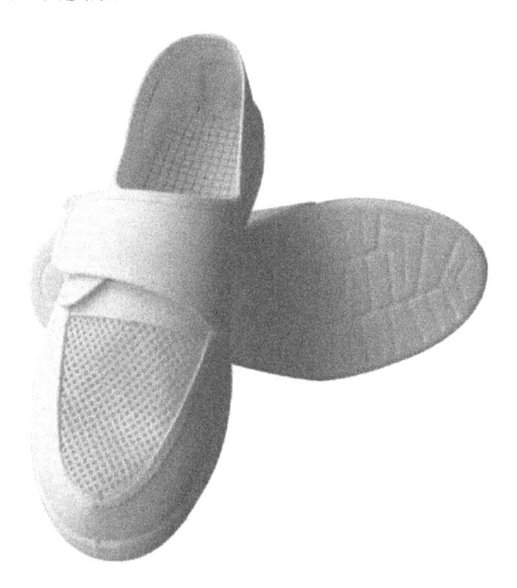

图 1-18　防静电工作鞋

（7）生产线上用的传送带和传动轴应装有防静电接地的电刷和支杆。

（8）生产场所使用的组装夹具、检测夹具、焊接工具、各种仪器等都应设良好的接地线。

（9）生产场所入口处应安装防静电测试台，每个进入生产现场的人员均应进行防静电测试，合格后方能进入车间。

任务二　SMT 的基本工艺流程

一、相关概念

1. SMT 工艺的概念

工艺是生产者利用生产设备和生产工具，对各种原材料、半成品进行技术处理，使之成为最终产品的方法与过程。它是人类在生产劳动中不断积累起来并经过总结的操作经验和技术能力。对于现代化的工业产品来说，工艺不再仅仅是针对原材料的加工或生产的操作而言，而应该是从设计到销售、包括每一个制造环节的整个生产过程。

一般来说，工艺要求采用合理的手段、较低的成本完成产品制作，同时必须达到设计规定的性能和质量，其中成本包括施工时间、施工人员数量、工装设备投入、质量损失等多个方面。表面组装工艺技术的主要内容如图 1-19 所示，可分为组装材料、组装工艺设计、组装技术和组装设备四大部分。

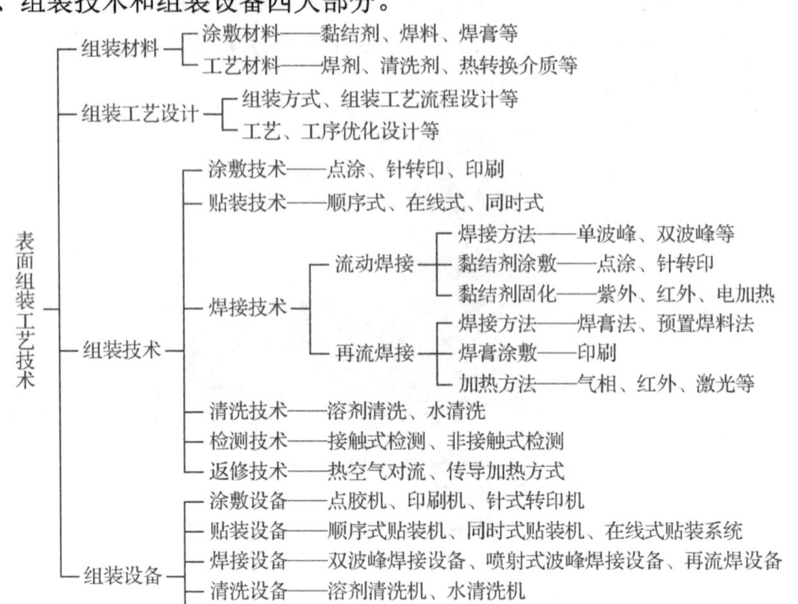

图 1-19　表面组装工艺技术组成

2. 工艺文件和工艺管理

（1）工艺文件。指导工人操作和用于生产、工艺管理等的各种技术文件。

（2）工艺管理。科学地计划、组织和控制各项工艺工作的全过程。工艺管理的基本任务是在一定生产条件下，应用现代管理科学理论，对各项工艺工作进行计划、组织和控制，使之按一定的原则、程序和方法协调有效地进行。

二、SMT 组装工艺的基本流程

1. SMT 的两类基本工艺流程

（1）焊锡膏—再流焊工艺。焊锡膏—再流焊的工艺流程是：印刷焊锡膏→贴片→再流焊→检验、清洗，如图 1-20 所示。该工艺流程的特点是简单、快捷，有利于产品体积的减小。该工艺流程在无铅焊接工艺中更能显示出优越性。

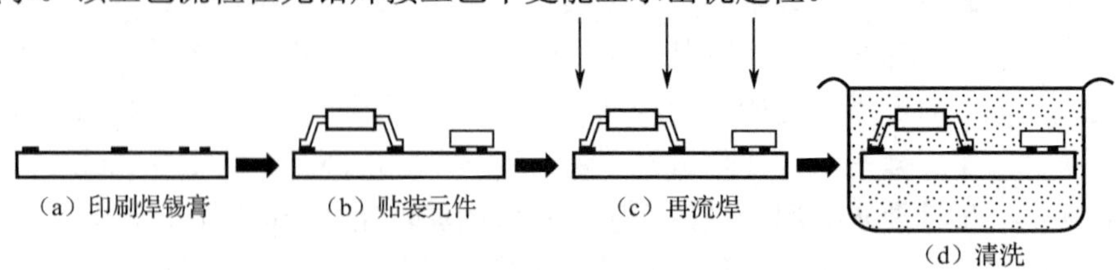

图 1-20　焊锡膏—再流焊工艺流程

（2）贴片—波峰焊工艺。贴片—波峰焊的工艺流程是：涂敷贴片胶→贴片→固化→翻转电路板、插装通孔元器件→波峰焊→检验、清洗，如图 1-21 所示。

该工艺流程的特点是：利用双面板空间，电子产品的体积可以进一步做小，并部分使用通孔元件，价格低廉。但设备要求增多，波峰焊过程中易出现焊接缺陷，难以实现高密度组装。

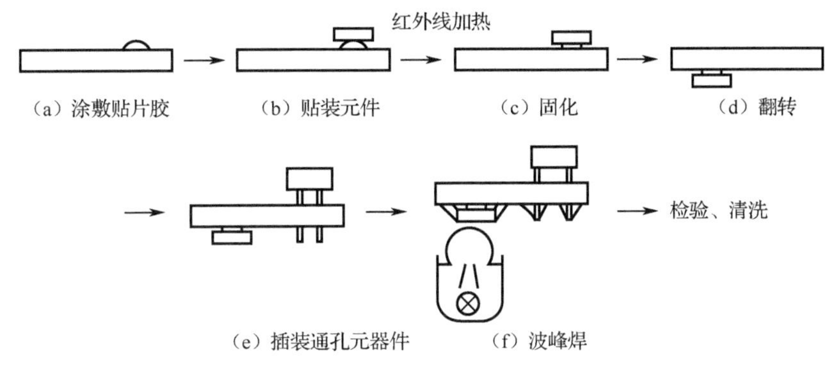

图 1-21　贴片—波峰焊工艺流程

2. 工艺流程分类

若将上述两种工艺流程混合与重复使用，则可以演变成多种工艺流程。SMT 的组装方式大体上可分为单面混装、双面混装和全表面组装 3 种类型共 6 种组装方式，具体见表 1-2。

表 1-2　SMT 的组装方式与分类

<table>
<tr><th colspan="2">组装方式</th><th>示意图</th><th>电路基板</th><th>焊接方式</th><th>特征</th></tr>
<tr><td rowspan="2">全表面组装</td><td>单面表面组装</td><td>A B</td><td>单面 PCB 陶瓷基板</td><td>单面再流焊</td><td>工艺简单，适用于小型、薄型简单电路</td></tr>
<tr><td>双面表面组装</td><td>A B</td><td>双面 PCB 陶瓷基板</td><td>双面再流焊</td><td>高密度组装、薄型化</td></tr>
<tr><td rowspan="2">单面混装</td><td>SMD 和 THC 都在 A 面</td><td>A B</td><td>双面 PCB</td><td>先 A 面再流焊，后 B 面波峰焊</td><td>一般采用先贴后插，工艺简单</td></tr>
<tr><td>THC 在 A 面，SMD 在 B 面</td><td>A B</td><td>单面 PCB</td><td>B 面波峰焊</td><td>PCB 成本低，工艺简单，先贴后插。如采用先插后贴，工艺复杂</td></tr>
<tr><td rowspan="2">双面混装</td><td>THC 在 A 面，A、B 两面都有 SMD</td><td>A B</td><td>双面 PCB</td><td>先 A 面再流焊，后 B 面波峰焊</td><td>适合高密度组装</td></tr>
<tr><td>A、B 两面都有 SMD 和 THC</td><td>A B</td><td>双面 PCB</td><td>先 A 面再流焊，后 B 面波峰焊，B 面插装件后装</td><td>工艺复杂，很少采用</td></tr>
</table>

（1）单面混合组装。

单面混合组装即 SMC/SMD 与通孔插装元件（THC）分布在 PCB 不同的两个面上混装，但其焊接面仅为单面，如图 1-22 所示。这一类组装方式均采用单面 PCB 和波峰焊接工艺，具体有两种组装方式：①先贴法，即在 PCB 的 B 面（焊接面）先贴装 SMC/SMD，而后在 A 面插装 THC；②后贴法，即先在 PCB 的 A 面插装 THC，后在 B 面贴装 SMC/SMD。

图 1-22　单面混合组装方式

（2）双面混合组装。

第二类是双面混合组装，SMC/SMD 和 THC 可混合分布在 PCB 的同一面，同时，SMC/SMD 也可分布在 PCB 的双面，如图 1-23 所示。双面混合组装采用双面 PCB、双波峰焊接或再流焊接。在这一类组装方式中也有先贴还是后贴 SMC/SMD 的区别，一般根据 SMC/SMD 的类型和 PCB 的大小合理选择，通常采用先贴法较多。该类组装常用两种组装方式：①SMC/SMD 和 THC 同侧方式。SMC/SMD 和 THC 同在 PCB 的一侧；②SMC/SMD 和 THC 不同侧方式。把表面组装集成芯片（SMIC）和 THC 放在 PCB 的 A 面，而把 SMC 和小外形晶体管（SOT）放在 B 面。

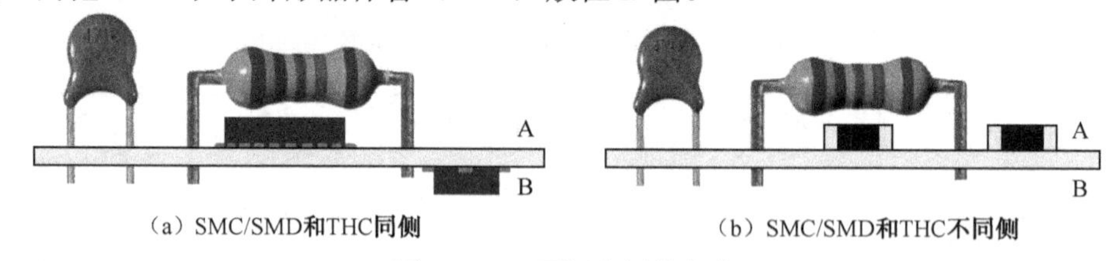

（a）SMC/SMD和THC同侧　　（b）SMC/SMD和THC不同侧

图 1-23　双面混合组装方式

这类组装方式由于在 PCB 的单面或双面贴装 SMC/SMD，而又把难以表面组装化的有引线元件插入组装，因此组装密度相当高。

（3）全表面组装。

全表面组装是指在 PCB 上只有 SMC/SMD 而无 THC，如图 1-24 所示。由于目前元器件还未完全实现 SMT 化，实际应用中这种组装形式不多。这一类组装方式一般是在细线图形的 PCB 或陶瓷基板上，采用细间距器件和再流焊接工艺进行组装。它也有两种组装方式：①单面表面组装方式；②双面表面组装方式。

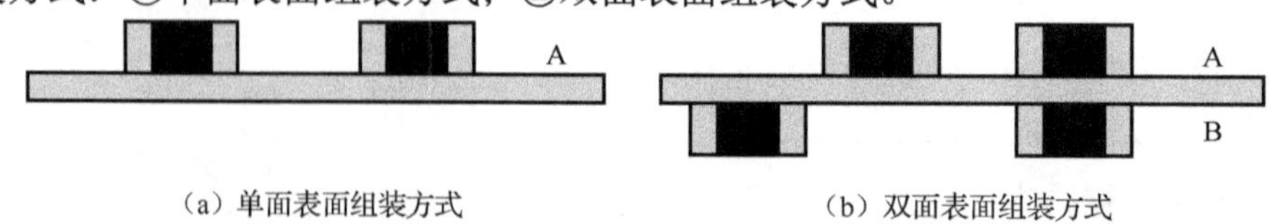

（a）单面表面组装方式　　（b）双面表面组装方式

图 1-24　全表面组装方式

三、电子组装技术的演化

1. 电子组装技术的地位

电子组装技术属于多学科交叉的电子工程制造技术，是一种“并行工程”，即电子组装技术的工作必须从产品的方案论证起就参与进去，参与总体设计及电子产品的研制、开发、生产全过程的设计和决策。人们逐步认识到：没有一流的电子组装技术，没有一流的电气互联设备，就不可能有一流的设计、一流的电子产品，就不可能有一流的军事电子装备。

因此，在现代电子产品的设计、开发、生产中，电子组装技术的作用发生了根本性的变化，它是总体方案设计人员、企业的决策者实现产品功能指标的前提和依赖。

2. 电子组装技术发展历程

电子组装技术是伴随着电子器件封装技术的发展而不断前进的，有什么样的器件封装，就产生了什么样的组装技术，即电子元器件的封装形式决定了生产的组装工艺。

电子组装技术随着电子元器件封装技术的发展经历了六代变化，具体见表 1-3。20 世纪 80 年代以来，IC 封装由 DIP 双列直插式向 SOIC、PLCC 方向发展，20 世纪 90 年代是 IC 封装技术的迅速发展时期，实现了 IC 封装由周边端子型（以 QFP 为代表）向球栅阵列型（以 BGA 为代表）的转变。

表 1-3　电子组装技术的发展变化

	电子封装技术	电子装联技术
第一代	电子管时代（20 世纪 50 年代）	分立组件、分立走线、金属底板、电子管、接线柱、线扎、手工 THT 技术
第二代	晶体管时代（20 世纪 60 年代）	分立组件、单层/双层印制电路板、手工 THT 技术
第三代	集成电路时代（20 世纪 70 年代）	IC、双面印制板、初级多层印制板、初级厚/薄膜混合集成电路、波峰焊
第四代	大规模/超大规模集成电路时代（20 世纪 80 年代）	LSI/VLSI/ALSI、细线多层印制板、多层厚/薄膜混合集成电路、HDI（高密度组装技术）、SMT（表面组装技术）、再流焊
第五代	超大规模集成电路（20 世纪 90 年代）	BGA、CSP、SMT（表面组装技术）、MCM（多芯片组件）、3D（立体组装技术）、MPT（微组装技术）、DCA（直接芯片组装技术）、TAB（载带焊技术）、无铅焊接技术、激光再流焊技术、金丝焊技术、凸点制造技术、Flip-Chip（倒装焊技术）
第六代	SOI 技术（2005 年以后）	SOI 器件广泛用于高速、低功耗和变高可靠电路，应用领域已从宇航、军事、高温和工业转向数字处理、通信、光电子 MEMS 和消费类电子等

从 20 世纪 50 年代以电子管为代表的第一代组装技术到 20 世纪 80 年代以 SMD/SMC 为代表的第四代组装技术（SMT）的初期，人们都曾经依靠一把烙铁、一把镊子进行电子产品组装。

当电子组装技术进入 PCB 组件器件的安装密度高于 35～50 个/cm^2、焊点密度高于 100 点/cm^2 时，当产品的小型化、微型化须应用线间距≤0.3mm 的高密度、高精度 QFP、BGA、CSP 等片式器件和 0201（0.6mm×0.3mm）、0402 的芯片时，当面对 3D 组装、多芯片组件（MCM）为代表的第五代组装技术及以 SOI 技术为主体的第六代电子组装技术时，过去那种“一把烙铁、一把镊子打天下”的方法就行不通了，人们必须依赖先进的电气互联技术和先进的电气互联设备。

随着片式元器件（SMC/SMD）、基板材料、装焊工艺、检测技术的迅速发展，21 世纪初期，我国电子装备中 SMC/SMD 的使用率从原来的 5%迅速增加到了 70%～80%以上。在一些小型化电子装备中已大量使用 BGA，以 SMT 为主流的混合组装技术（MMT）是 21 世纪我国电子装备电路的主要形式，不仅 DIP 和 SMC/SMD 混合组装（THT/SMT）有了应用，一些先进的电子装备中还应用了将 CSP 装于 MCM 上再进行 3D 组装的 3D＋MCM 先进组装技术。

20 世纪 90 年代以来，电子工业进入空前的高速发展阶段。人们希望电子设备体积小、质量轻、性能好、寿命长，以满足各方面的要求。因此，促进了电子电路的高度集成技术和高密度组装技术的发展，前者称为微电子封装技术，后者称为微电子表面组装技术，英文译为“Surface Mount Technology”，简称 SMT。

SMT 是现代电子产品先进制造技术的重要组成部分。其技术内容包含电子元器件的设计制造技术、电路板的设计制造技术、自动贴装工艺设计及装备、组装用辅助材料的开发生产及相关技术设备等。它的技术范畴涉及材料科学、精密机械制造、微电子技术、测试与控制、计算机技术等诸多学科，是综合了光、机、电一体化的系统工程。微电子表面组装技术经过几十年的发展，现已进入了成熟期，已经成为电子组装的主导技术。

3. THT 和 SMT 的区别

SMT 工艺技术的特点可以通过其与传统通孔插装技术（THT）的差别比较体现。从组装工艺技术的角度分析，SMT 和 THT 的根本区别是“贴”和“插”。二者的差别还体现在基板、元器件、组件形态、焊点形态和组装工艺方法等多个方面。如图 1-25 所示，由于 SMT 生产中采用“无引线或短引线”的元器件，故从组装工艺角度分析，表面组装和通孔插装（THT）技术的根本区别在于：一是所用元器件、PCB 的外形不完全相同；二是前者是“贴装”，即将元器件贴装在 PCB 焊盘表面，而后者则是“插装”，即将长引脚元器件插入 PCB 焊盘孔内。

THT 与 SMT 的区别见表 1-4。

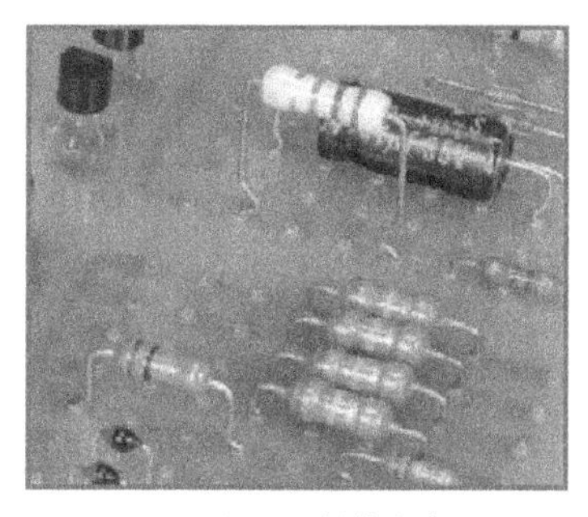

（a）THT 组装电路

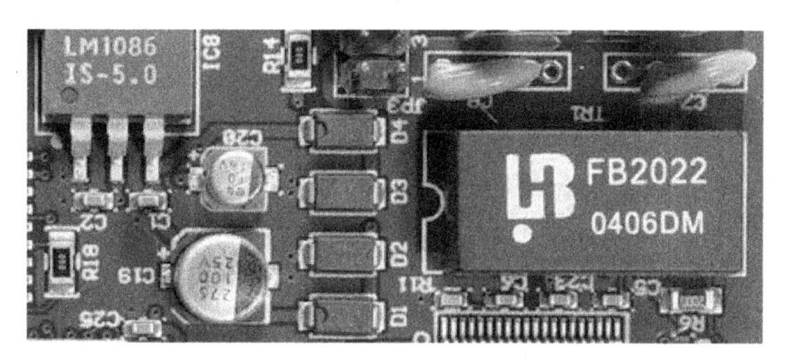

（b）SMT 组装电路

图 1-25　THT 与 SMT 的比较

表 1-4　THT 与 SMT 的区别

类　型	THT	SMT
元器件	双列直插或 DIP 针阵列 PGA 有引线电阻、电容	SOIC，SOT，LCCCP，LCC，QFP，BGA，CSR，片式电阻、片式电容
基板	印制电路板采用 2.54mm 网格设计，通孔孔径为 ϕ0.8～0.9mm	印制电路板采用 1.27mm 网格或更细设计，通孔孔径为ϕ0.3～0.5mm
焊接方法	波峰焊	再流焊
面积	大	小，缩小比为 1∶3～1∶10
组装方法	穿孔插入	表面安装（贴装）
自动化程度	自动插装机	自动贴片机，生产效率高于自动插装机

任务三　印刷工艺的基本流程

一、SMT 生产线设备组成

SMT 生产线设备主要有表面涂敷设备、贴片机、回流焊机、波峰焊机（选配）、检测设备（AOI、ICT、X-Ray 等）和清洗机等，表面组装设备形成的生产系统习惯上称为 SMT 生产线，SMT 生产线分为单线形式生产线和双线形式生产线。

1. 单线形式生产线

一般用于只在 PCB 单面组装 SMC/SMD 的表面组装场合，称为单线形式生产线，如图 1-26 所示。

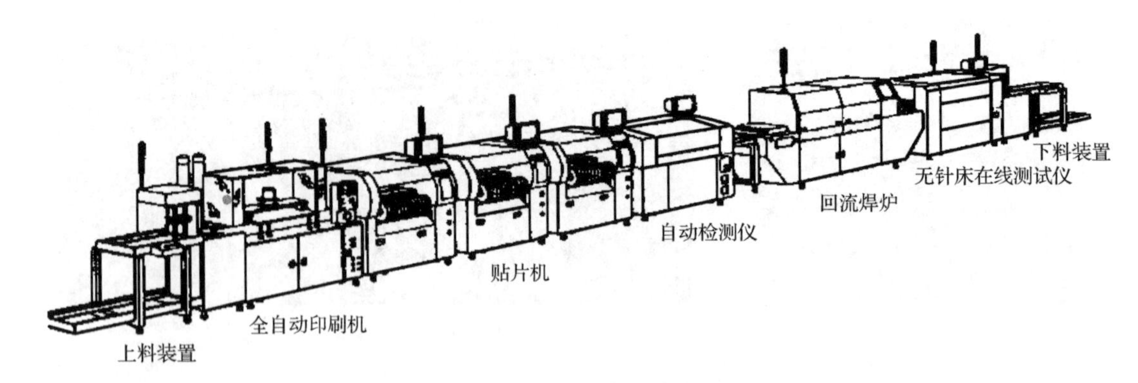

图 1-26　单线形式生产线

2. 双线形式生产线

一般用于在 PCB 双面组装 SMC/SMD 的表面组装场合，称为双线形式生产线，如图 1-27 所示。

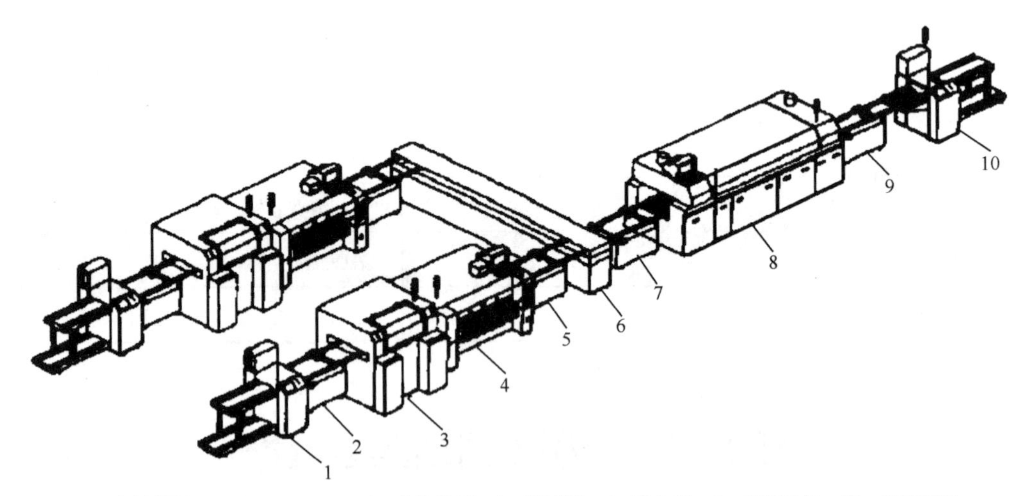

1—上料装置；2，5，6，7，9—PCB 传输装置；3—印刷机；4—贴片机；8—再流焊炉；10—下料装置

图 1-27　双线形式生产线

二、印刷工艺的流程

焊锡膏印刷的原理：先制作一张与焊盘位置相对应的钢网，安装于锡膏印刷机上，通过摄像头定位或人眼观察，确保钢板孔与 PCB 上的焊盘位置对准，定位完成后，锡膏机上的刮刀在钢网上来回移动，锡膏会透过钢板上的孔，覆盖在 PCB 的特定焊盘上，完成印刷的工作。所以，锡膏的印刷工艺包括焊锡膏、网板和印刷工艺，如图 1-28 所示。

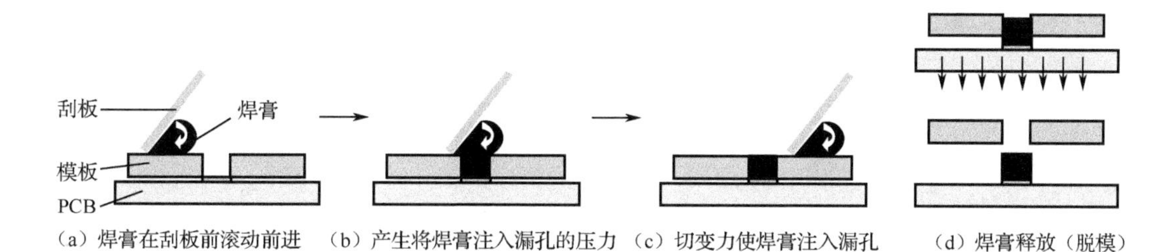

（a）焊膏在刮板前滚动前进　（b）产生将焊膏注入漏孔的压力　（c）切变力使焊膏注入漏孔　（d）焊膏释放（脱模）

图 1-28　印刷工艺的流程

表面贴装技术主要包括：锡膏印刷、精确贴片、回流焊接。其中，锡膏印刷质量对表面贴装产品的质量影响很大，据业内评测分析，约有 60%的返修板是由锡膏印刷不良引起的。在锡膏印刷中，有三个重要部分：焊膏、钢网模板和印刷设备。如能正确选择，可以获得良好的印刷效果。

锡膏的涂布工艺，可分为如下两种方式。

（1）使用钢网作为印刷板把锡膏印刷到 PCB 上，此方式适合大批量生产应用，是目前最常用的涂布方式。

（2）注射涂布，即锡膏喷印技术。与钢网印刷技术最明显的不同就是喷印技术是一种无钢网技术，采用独特的喷射器在 PCB 上方以极高的速度喷射锡膏，类似于喷墨打印机。

项目二

锡　膏

工作任务　锡膏搅拌

1. 任务描述

从冰箱中取出锡膏若干，回温并完成锡膏的搅拌作业，为 PCB 准备好印刷用的锡膏。

2. 工作场景

干净整洁的作业室、全自动锡膏搅拌机、锡膏、防静电手套、防静电服、防静电腕带等设备，学生每 2～4 人一组。

3. 工作方法

1）锡膏的回温

从锡膏专用冰箱 Create-ETK100 中取出锡膏（图 2-1），在不开启瓶盖的前提下，置于室温自然解冻。回温时间为 4h 左右。

图 2-1　取出锡膏

☆注意

① 未经充分回温，千万不要打开瓶盖。

② 不要用加热的方式缩短“回温”时间。

2）锡膏的搅拌

锡膏的搅拌可采用手动或者自动搅拌方式。

（1）手动搅拌方式。

手动搅拌锡膏操作步骤如下。

① 取出锡膏。将回温后的锡膏取出。取出锡膏后先将内盖去掉，然后重新将罐盖旋紧。

② 手动搅拌。锡膏在回温后、使用前要充分搅拌。

手动搅拌方法：轻轻地搅拌整桶锡膏，沿同一方向以 80～90r/min 的速度搅拌。

手动搅拌时间：4min 左右。

（2）自动搅拌方式。

自动搅拌锡膏需要使用锡膏搅拌机，如图 2-2 所示为 Create-PSM1000 全自动锡膏搅拌机，如图 2-3 所示为其结构图。

图 2-2 Create-PSM1000 全自动锡膏搅拌机

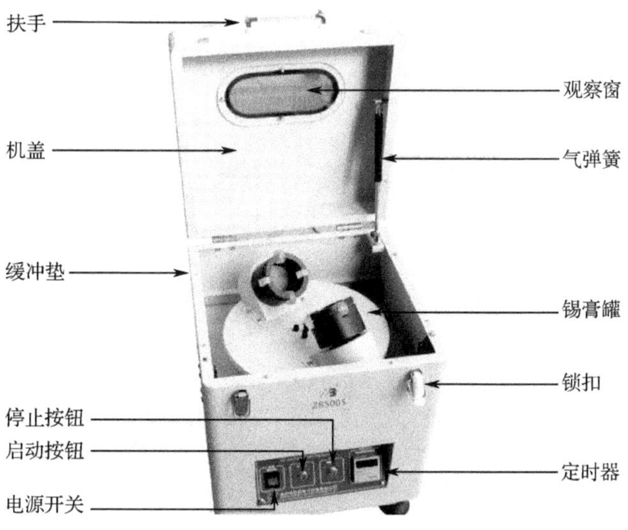

图 2-3 Create-PSM1000 全自动锡膏搅拌机结构图

采用 Create-PSM1000 全自动锡膏搅拌机搅拌锡膏操作步骤如下。

① 打开门锁，掀开机器上盖。

② 放置锡膏罐，用手轻轻旋转仿行星运行装置，至两个锡膏罐夹具开口相对，此时取放锡膏方便。锁紧两侧锡膏罐夹具的锁扣。

③ 合上上盖，锁上门锁。

④ 设置搅拌时间，一般设定为 1～3min。打开电源开关，LED 显示上次设定的运行时间。理想的搅拌时间一般为 1～3min。如需调整运行时间，按“↑”或“↓”时间调整按钮，每按一次，时间增加或减少 0.1min。

⑤ 按启动/停止开关，机器开始运行。运行指示灯亮，电动机开始转动。

⑥ 蜂鸣器发出一声警报，电动机停止转动。1min 后，仿行星装置完全停止运行，运行指示灯熄灭。蜂鸣器发出三声警报后，打开上盖，取出锡膏罐即可使用。

☆注意

① 在机器运行时，也可按启动/停止开关，使搅拌机停止运行。同样需要 1min 延时，才可以打开上盖。

② 在机器运行或仿行星装置惯性转动时，如果强行关闭电源开关，打开上盖，须务必小心，不要接触到正在旋转的部件。

任务一 认识锡膏

一、锡膏的化学组成

焊锡膏也称锡膏，英文全称为 Solder Paste，为灰色膏体，如图 2-4 所示。

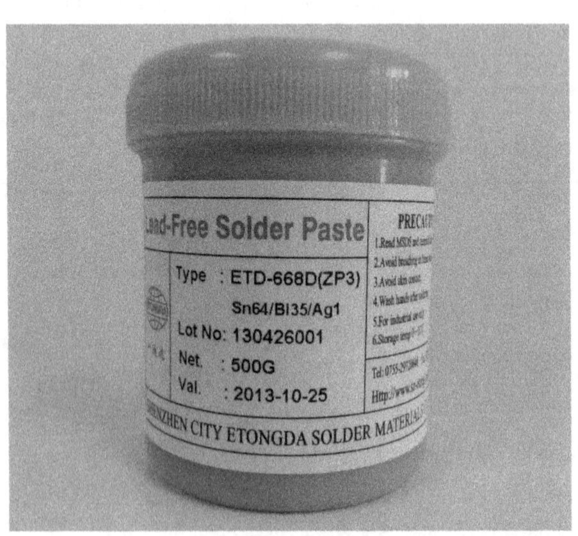

图 2-4 锡膏

焊锡膏是伴随着 SMT 应运而生的一种新型焊接材料。焊锡膏是一个复杂的化工产品，是由焊锡粉、助焊剂及其他的添加物混合而成的膏体。焊锡膏在常温下有一定的黏性，可将电子元器件初黏在既定位置。在焊接温度下，随着熔剂和部分添加剂的挥发，焊锡膏将被焊元器件与印制电路焊盘焊接在一起形成永久连接。

焊锡膏是主要由焊料粉和具有助焊功能的糊状助焊剂（松香、稀释剂、稳定剂等）混合而成的一种浆料。就重量而言，80%～90%是金属合金；就体积而言，50%是金属，50%是助焊剂。其中，助焊剂主要由活化剂、触变剂、树脂、溶剂等成分组成，按照活性可分为 RSA（强活性）、RA（活性）、RMA（中等活性）和 R（非活性）。

1. 焊料粉

以前的焊料粉主要是锡铅（Sn/Pb）合金粉末。伴随着无铅化及 ROHS 绿色生产的推进，有铅锡膏已渐渐淡出了 SMT 制程，对环境及人体无害的 ROHS 对应的无铅锡膏已经在业界广泛应用。

现在的 ROHS 无铅焊料粉末由多种金属粉末组成，目前的几种无铅焊料配比共晶有锡 Sn-银 Ag-铜 Cu、锡 Sn-银 Ag-铜 Cu-铋 Bi、锡 Sn-锌 Zn。其中，锡 Sn-银 Ag-铜 Cu 配比的使用最为广泛。各种合金焊料粉的成分及其特点对比见表 2-1。

表 2-1 合金焊料粉的成分及其特点对比

无铅焊锡化学成分	熔点范围	说明
48Sn/52In	118℃ 共熔	低熔点、昂贵、强度低
42Sn/58Bi	138℃ 共熔	低熔点、焊点光亮
91Sn/9Zn	199℃ 共熔	渣多、潜在腐蚀性
93.5Sn/3Sb/2Bi/1.5Cu	218℃ 共熔	高强度、很好的温度疲劳特性
95.5Sn/3.5Ag/1Zn	218～221℃	高强度、好的温度疲劳特性
93.3Sn/3.1Ag/3.1Bi/0.5Cu	209～212℃	高强度、好的温度疲劳特性
99.3Sn/0.7Cu	227℃	高强度、高熔点
95Sn/5Sb	232～240℃	好的剪切强度和温度疲劳特性
65Sn/25Ag/10Sb	233℃	摩托罗拉专利、高强度
96.5Sn/3.5Ag	221℃ 共熔	高强度、高熔点
97Sn/2Cu/0.8Sb/0.2Ag	226～228℃	高熔点

2. 助焊剂

助焊剂主要由活化剂、触变剂、树脂、溶剂等成分组成，按照活性可分为 RSA（强活性）、RA（活性）、RMA（中等活性）和 R（非活性），各成分及其功能见表 2-2，助焊剂的组成对焊锡膏的扩展性、润湿性、塌落度、黏性、清洗性、焊珠飞溅及储存寿命等均有较大影响。

表 2-2　助焊剂的主要成分及其功能

助焊剂成分	使用的主要材料	功　　能
活化剂	胺、苯胺、联氨卤化盐、硬脂酸等	去除 PCB 铜膜焊盘表层及零件焊接部位的氧化物质的作用，同时可降低锡、铅表面张力
触变剂	松香、松香酯、聚丁烯	调节焊锡膏的黏度及印刷性能，在印刷中防止出现拖尾、粘连等现象
树脂	松香、合成树脂	净化金属表面、提高润湿性、防止焊后 PCB 再度氧化
溶剂	甘油、乙醇类、酮类	在锡膏的搅拌过程中起调节均匀的作用
其他	黏结剂、界面活性剂、消光剂	防止分散和塌边，调节工艺性

二、锡膏的分类

如图 2-4 所示，锡膏可以分为以下几类。

按合金焊料的熔点分

根据焊接所需温度的不同，选择焊锡膏

合金焊料	熔点℃
Sn-3.2Ag-0.5Cu	217～218
Sn-3.5Ag	221
Sn-2.5Ag	221～226
Sn-0.7Cu	227

按类型分

越小、越均匀越好，且锡球越远越好

类型	形状	直径μm
400	球形	37
500	球形	30
625	球形	20

按锡膏黏度分

依据工艺不同进行选择

制程方式	黏度要求（单位：Kcps）
点胶	200～400Kcps
网板	400～600Kcps
钢板	400～1200Kcps

按清洗方式分

根据焊接过程中所使用的助焊剂、焊料成分来确定

电子产品的清洗方式分为有机溶剂清洗、水清洗、半水清洗和免清洗

图 2-4　锡膏的分类

三、锡膏粉的相关特性及品质要求

1. 锡粉的颗粒形态

（1）要求锡粉颗粒大小分布均匀。以 25～45μm 的锡粉为例，通常要求 35μm 左右的颗粒分度比例为 60%左右，35μm 以下及以上部分各占 20%左右。

（2）要求锡粉颗粒形状较为规则。《锡铅膏状焊料通用规范》（SJ/T 11186—1998）中相关规定是：“合金粉末形状应是球形的，但允许长轴与短轴的最大比为 1.5 的近球形状粉末。如用户与制造厂达成协议，也可为其他形状的合金粉末。”在实际的工作中，通常要求锡粉颗粒长、短轴的比例一般在 1.2 以下。

2. 焊料粉与助焊剂的比例

选择锡膏时，应根据所生产产品、生产工艺、焊接元器件的精密程度及对焊接效果的要求等，去选择不同的锡膏。

（1）根据《锡铅膏状焊料通用规范》（SJ/T 11186—1998）中相关规定，“焊膏中合金粉末百分（质量）含量应为65%～96%，合金粉末百分（质量）含量的实测值与订货单预定值偏差不超过±1%。”通常在实际的使用中，所选用锡膏的锡粉含量大约在90%左右，即锡粉与助焊剂的比例大致为90∶10。

（2）普通的印刷制式工艺多选用锡粉含量在89%～91.5%的锡膏。

（3）当使用针头点注式工艺时，多选用锡粉含量在84%～87%的锡膏。

3. 焊料的选用

锡铅焊料标准为GB/T 8012—2000/GB/T 3131—2001。根据熔点不同，可分为硬焊料和软焊料；根据组成成分不同，可分为锡铅焊料、银焊料、铜焊料等。在锡焊工艺中，一般使用锡铅合金焊料。

（1）锡铅焊料。是常用的锡铅合金焊料，主要由锡和铅组成，还含有锑等微量金属成分。锡铅焊料广泛用于电子行业的软钎焊、散热器及五金等各行业的波峰焊、浸焊等精密焊接、特殊焊接工艺以及喷涂、电镀等。经过特殊工艺调制精炼处理而生成的抗氧化焊锡条，具有独特的高抗氧化性能，浮渣比普通焊料少，具有损耗小、流动性好、可焊性强、焊点均匀光亮等特点。

（2）共晶焊锡。是指达到共晶成分的锡铅焊料，其中，锡的含量为61.9%，铅的含量为38.1%。在实际应用中，一般将含锡60%、含铅40%的焊锡称为共晶焊锡。在锡和铅的合金中，除纯锡、纯铜和共晶成分是在单一温度下熔化外，其他合金都是在一个区域内熔化，所以共晶焊锡是锡铅焊料中性能最好的一种。

四、锡膏的物理特性

锡膏具有黏性，常用的黏度符号为μ；单位为Kcps。如图2-5所示，锡膏在印刷时，受到刮刀的推力作用，其黏度下降，当到达网板开口孔时，黏度达到最低，故能顺利通过网板孔沉降到PCB的焊盘上。随着外力的停止，锡膏的黏度又迅速回升，这样就不会出现印刷成型的焊点出现塌落和漫流现象，从而可以得到良好的印刷效果。

黏度是锡膏的一个重要特性，从动态方面讲，在印刷行程中，黏度越低，流动性越好，易于流入钢网孔内；从静态方面讲，印刷后，锡膏停留在钢网孔内，其黏度高，就会保持其填充的形状，而不会往下塌陷。

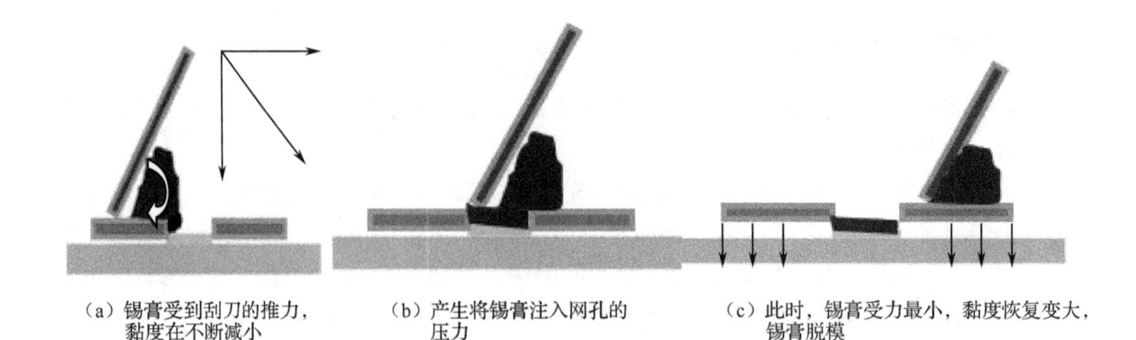

（a）锡膏受到刮刀的推力，黏度在不断减小　（b）产生将锡膏注入网孔的压力　（c）此时，锡膏受力最小，黏度恢复变大，锡膏脱模

图 2-5　锡膏的物理特性

任务二　锡膏的存放和使用要求

一、锡膏存放

（1）根据生产需要控制锡膏使用周期，存货储存时间不应超过 3 个月。

（2）锡膏入库保存时，应按不同种类、批号、厂家分开放置。

（3）锡膏的储存条件要求温度为 4～8℃，相对湿度低于 50%。

（4）锡膏使用时，应遵循先进先出的原则，并作记录。

（5）每周检测储存的温度和湿度，并作记录。

二、使用与环境要求

（1）锡膏从冰箱拿出后，应贴上“使用标签”，并填上“回温开始时间和签名”。

（2）锡膏使用前，应先在罐内进行充分搅拌，搅拌方式有两种：机器搅拌和人工搅拌。

（3）从瓶内取锡膏时，应注意尽可能少量添加到钢模，添加完后一定要旋好盖子，防止锡膏暴露在空气中，开盖后的锡膏其使用的有效期为 24h。

（4）印刷锡膏过程在 18～24℃，40%～50%RH 环境作业最好，不可有冷风或热风直接对着吹。温度若超过 26.6℃，会影响锡膏性能。

（5）已开盖的焊锡膏原则上应尽快用完，如果不能做到这一点，可在工作日结束后将钢模上剩余的锡膏装进一空罐子内，留待下次使用。但使用过的锡膏不能与未使用的锡膏混装在同一瓶内，因为未使用的锡膏可能会受到使用过的锡膏污染而发生变质。

（6）新开盖的锡膏，必须检查锡膏的解冻时间是否在 6～24h 内，并在“使用标签”上填上“开盖时间”和“使用有效时间”。

（7）使用已开盖的锡膏前，必须先了解开盖时间，确认是否在使用的有效期内。

（8）当天没有用完的锡膏，如果第二天不再使用，应将其放回冰箱保存，并在标签上注明。

（9）印刷后，尽量在 4h 内完成再流焊。

（10）免清洗焊膏修板后不能用酒精擦洗。

（11）需要清洗的产品，再流焊后应当天完成清洗。

项目三

锡膏印刷设备

工作任务　LED 台灯电源板锡膏印刷

1. 任务描述

按照 LED 台灯电源板作业指导书，完成 LED 台灯电源板（图 3-1）的手动印刷。

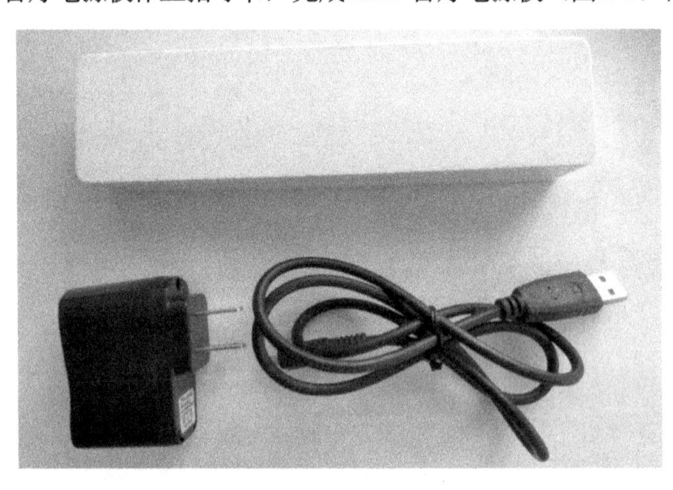

图 3-1　LED 台灯电源板

2. 工作场景

干净整洁的作业室、全自动锡膏搅拌机、锡膏、刮刀、网板、放大镜、锡膏印刷机、防静电手套、防静电服、防静电腕带等设备，学生每 2～4 人一组。

3. 工作方法

（1）钢网检验与固定。

（2）锡膏搅拌，性状检验。

（3）手工贴片台上进行 PCB 位置的固定。

（4）检查各个地方是否清洁。

（5）放入 PCB 并进行钢网孔对位。

（6）放适量的焊锡膏到钢网靠网孔边缘位置。

（7）使用刮刀刮膏后进行印刷。

（8）初步目视检验钢网表面的印刷效果。

（9）垂直抬起网板，取出 PCB。

LED 台灯手动印刷钢网及印刷机如图 3-2 所示；LED 台灯电源板 PCB 拼板如图 3-3 所示；LED 台灯电源板焊接后效果图如图 3-4 所示；印刷不良示意图如图 3-5 所示。

图 3-2　LED 台灯手动印刷钢网及印刷机

图 3-3　LED 台灯电源板 PCB 拼板

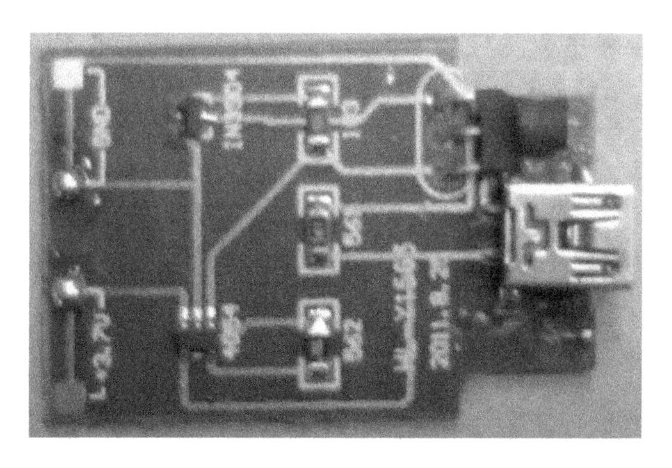

图 3-4　LED 台灯电源板焊接后效果图

☆注意

① 钢网符合 PCB 形状要求并没有杂物污染。

② 锡膏进行 4h 回温，并进行充分搅拌，检验锡膏黏稠度。

③ 刮刀成 45° ~60° 角，并保持一定的力度。

④ 印刷完回收锡膏，清洁手工印刷台。

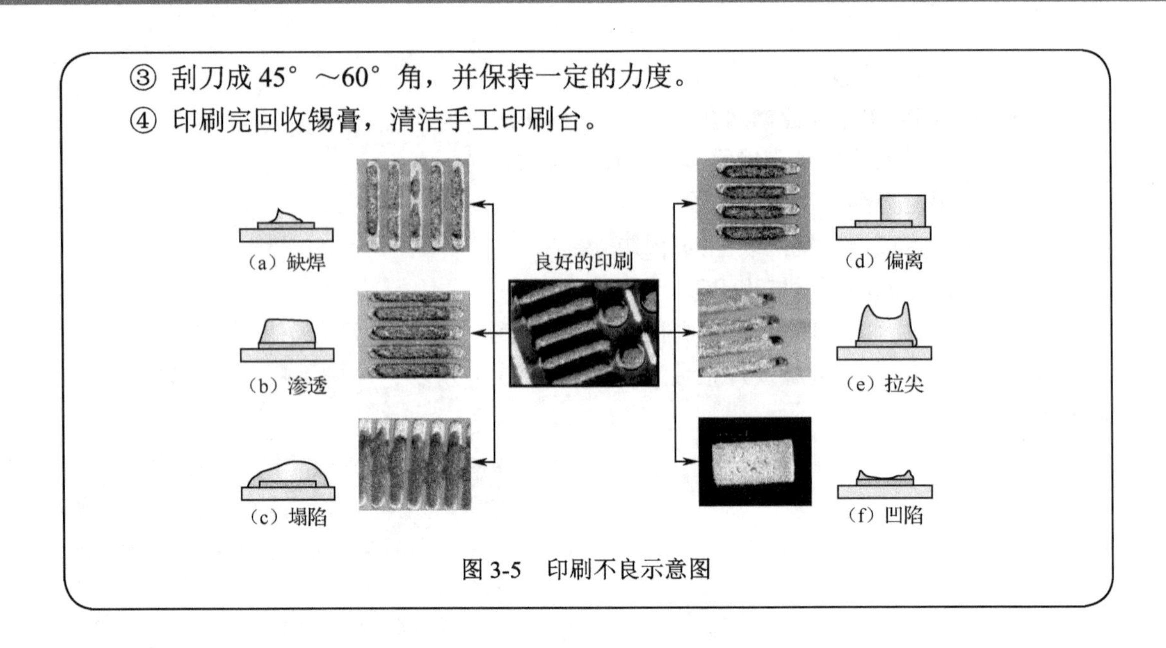

图 3-5　印刷不良示意图

任务一　网板种类和特点

一、网板

网板又称模板，如图 3-6 所示，它是焊膏印刷的关键部件，由网框、丝网和掩膜图形构成。掩膜图形通常用适当的方法制作在丝网上，与 PCB 上待漏印焊膏的 SMT 焊盘一一对应，丝网则绷在网框上，同时应注意到网板制作的几个关键事项。

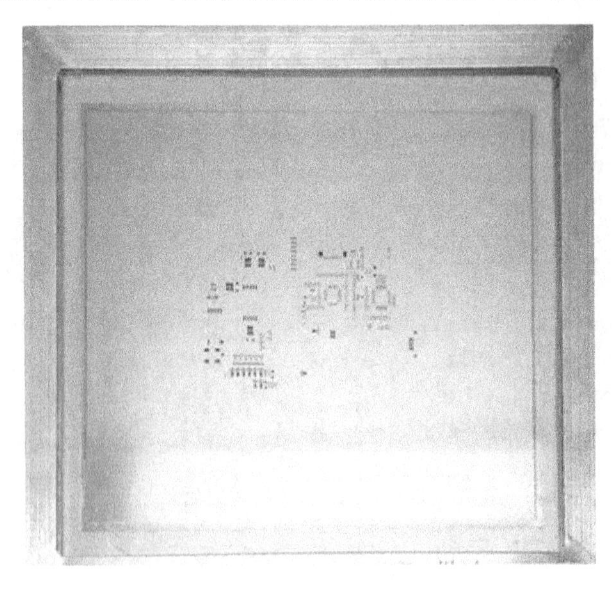

图 3-6　网板

1. 网框

网框的作用是支撑和绷紧丝网，使网板与 PCB 夹持机构的工作台保持平行。一般采用中空铝合金型材，既可以满足强度要求，又便于印刷操作。

2. 丝网

丝网绷紧在网框上，它是掩膜图形的载体，也是控制焊锡膏印刷量的重要工具，它能决定焊锡膏印刷精度和质量。丝网可用不同材料编制，其中不锈钢丝网最适合于焊锡膏印刷。

3. 网板开口类型

如图 3-7 所示，网板的开口类型有化学蚀刻、激光切割和电铸成型 3 种。

（1）化学蚀刻。

化学蚀刻开口的孔壁粗糙，只能用于 0.65mm 以上间距的印刷，但比其他钢网费用低。

（2）激光切割。

激光切割采用锥形开孔，有利于脱模，可以用 Gerber 文件加工，误差更小，精度更高。

（3）电铸成型。

电铸成型的孔壁光滑且可以收缩，具有很好的脱模特性，在硬度和强度方面均胜于不锈钢，耐磨性更好，适合 0.3mm 以下间距的印刷，但制作费用高昂。

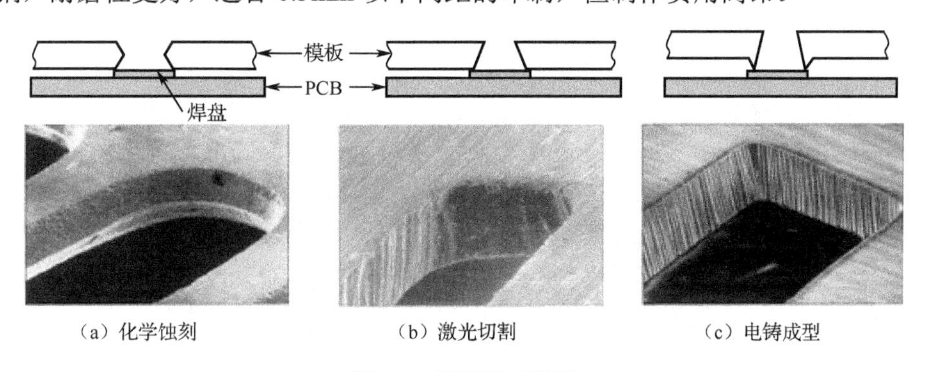

（a）化学蚀刻　（b）激光切割　（c）电铸成型

图 3-7　网板开口类型

二、网板各部分与焊锡膏印刷的关系

1. 开孔的外形尺寸

网板上开孔的形状与 PCB 上焊盘的形状对焊锡膏的精密印刷是非常重要的。网板上的开孔主要由 PCB 上相对应的焊盘的尺寸决定。一般来说，网板上开孔的尺寸应比相对应焊盘的尺寸小 10%。

2. 网板的厚度

网板的厚度与开孔的尺寸对焊锡膏的印刷及后面的再流焊有着很大的影响，厚度越薄，开孔越大，就越有利于焊膏印刷。实验证明，良好的印刷质量必须要求开孔尺寸与网板厚度比值大于 1.5，否则焊膏印刷不完全。一般情况下，对于 0.5mm 的引脚间距，用厚度为 0.12～0.15mm 的网板；对于 0.3～0.4mm 的引脚间距，用厚度为 0.1～0.12mm 的网板。

3. 网板开孔方向与尺寸

焊膏在焊盘长度方向上的释放与印刷方向一致时，比两者方向垂直时的印刷效果好。

任务二　刮刀的选用方法

刮刀（Squeegee）是一种协助锡膏滚动的工具，通过刮刀的挤压和平移，使锡膏漏印在 PCB 焊盘上，其外形如图 3-8 所示。按照材料类型不同，刮刀通常分为胶刮刀、钢刮刀和捷流头。各种刮刀的特点及应用见表 3-1。

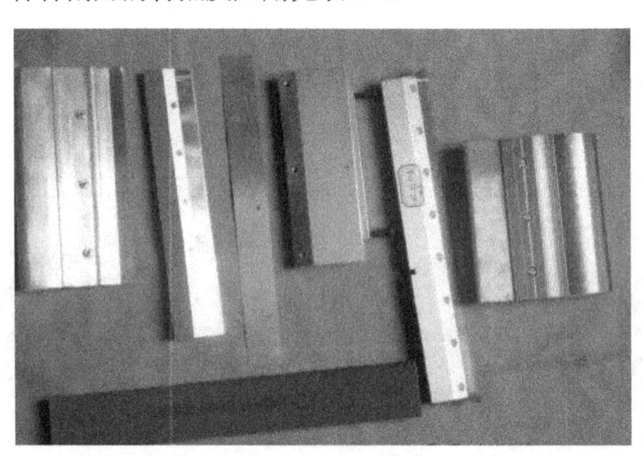

图 3-8　刮刀外形

表 3-1　各种刮刀的特点及应用

类　型	主 要 特 点	应　用
胶刮刀	由聚氨基甲酸酯橡胶制成。硬度较小，需设置较高的刮刀压力，印刷时刀锋可能会变形，容易将大焊盘中心的锡膏挖空	用于胶水印刷，锡膏印刷用得少
钢刮刀	解决了胶刮刀的挖掘问题，简化了工艺，性能较稳定，使用寿命比胶刮刀长，价格较高，容易损坏，需小心处理；适用于各种工艺，通用性好	钢刮刀印刷是目前应用最广泛的印刷技术

续表

类 型	主要特点	应 用
捷流头	挤牙膏式、密封式对锡膏有利；内部压力增加会提高锡膏填充效果，印刷速度较快，价格非常昂贵，只改善部分丝印问题	捷流头印刷由 DEK 公司首先推出，目前应用不广泛

任务三　印刷机

一、手工印刷机

手工印刷工艺多用于小批量的生产，该方法简单，成本极低，使用方法灵活。但其定位精度差，只适用于精度要求较低的印刷场合或科学研究。

手工印刷机（图 3-9）的各种参数和动作均需人工调节与控制。

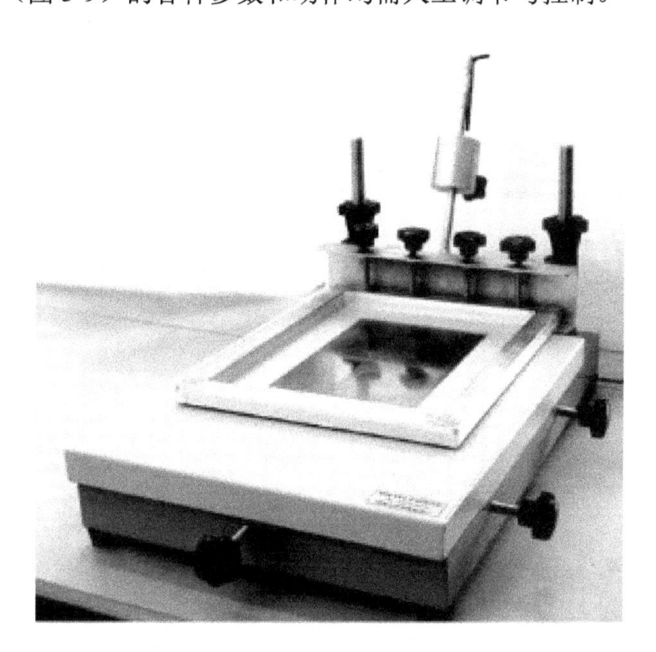

图 3-9　手工印刷机

二、半自动印刷机

半自动印刷机（图 3-10）除了 PCB 装夹过程是人工放置外，其余动作机器可连续完成，但第一块 PCB 与模板的窗口位置是通过人工对中的。通常 PCB 通过印刷机台面下的定位销来实现定位对中，因此 PCB 板面上应设有高精度的工艺孔，以供装夹用。

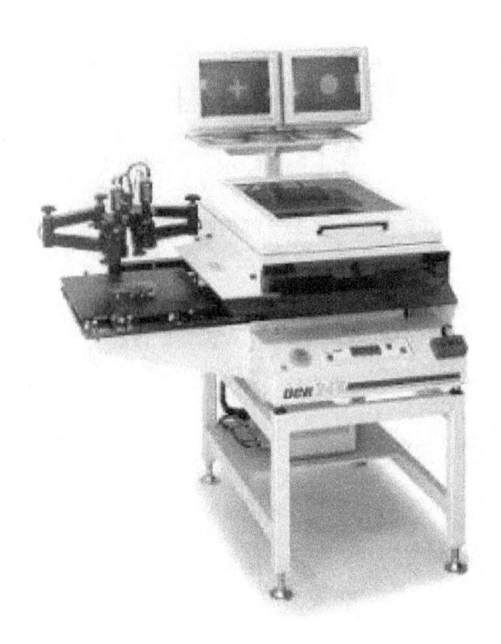

图 3-10　半自动印刷机

三、全自动印刷机

全自动印刷机（图 3-11）系统由 9 部分组成，分别是运输系统、网板夹持装置、PCB 基板柔性夹持及定位装置、视觉系统、刮刀系统、自动网板清洗装置、可调印刷工作台、气动系统和操作控制系统。

图 3-11　全自动印刷机

1. 运输系统

（1）组成。包括运输导轨、运输带轮及皮带、步进电机、停板装置、导轨调宽装置等。

（2）功能。对 PCB 进板、出板的运输和停板位置及导轨宽度进行自动调节，以适应不同尺寸的 PCB 基板。

2. 网板夹持装置

（1）组成。包括网板移动装置和网板固定装置等。

（2）功能。夹持网板的宽度可调，并可对钢网位置固定、夹紧。

3. PCB 基板柔性夹持及定位装置

（1）组成。真空盒组件、真空平台、磁性顶针、柔性的夹板装置等。

（2）功能。柔性的板处理装置可定位夹持各种尺寸和厚度的 PCB 基板，带有可移动的磁性顶针和真空吸附装置，有效控制 PCB 基板的挠度，防止板变形。

4. 视觉系统

（1）组成。包括 CCD 运动部分和 CCD—Camera 装置（摄像头、光源）及高分辨率的显示器等，由视觉系统软件进行控制。

（2）功能。上视/下视视觉系统，独立控制与调节的照明，高速移动的镜头确保快速、精确地进行 PCB 和钢网板对准，无限制的图像模式识别技术具有 0.01mm 的辨识精度。

5. 刮刀系统

（1）组成。包括印刷头（刮刀升降行程调节装置、刮刀片安装部分）、刮刀横梁及刮刀驱动部分（步进电机、同步齿轮驱动）等。

（2）功能。悬浮式印刷头，具有特殊设计的高刚性结构，刮刀压力、速度均由计算机伺服控制，调节方便，维持印刷质量的均匀稳定。

6. 自动网板清洗装置

（1）组成。包括真空管、真空发生器、清洗液储存和喷洒装置、卷纸装置、升降汽缸等。网板清洗装置被安装在视觉系统后面，通过视觉系统决定清洗行程，自动清洗网板底面。

进行清洗时，清洗卷纸上升并且贴着模板底面移动，用过的清洗纸被不断地绕到另一滚筒上。清洗间隔时间可自由选择，清洗行程可根据印刷行程自行设定。进行湿洗时，当储存罐中清洗液不够时，系统出现报警显示，此时应加满清洗液。

清洗分干洗、湿洗、真空洗三种，周期可自由调节。

（2）功能。可编程控制的全自动网板清洗装置，具有干式、湿式、真空三种方式组合的清洗方式，能彻底清除网板孔中的残留锡膏，保证印刷品质。

7. 可调印刷工作台

（1）组成。包括 Z 轴升降装置（升降底座、升降丝杠、升降导轨、阻尼减震器和伺服电机等）、平台移动装置（丝杆、导轨及分别控制 X、Y、Z 方向伺服电机的自动调节平台）和印刷工作台面（磁性顶针、真空吸盘）等。

（2）功能。通过机器视觉，工作台自动调节 X、Y 及 Z 方向位置偏差，精确实现印刷模板与 PCB 基板的对准。

8. 操作控制系统

由工控机、控制软件、驱动器、步进电机、伺服电机、计数器、光电感应器和信号检测系统组成。采用 Windows XP 操作系统，智能化的先进软件控制，极大地方便了用户的使用。

9. 工作原理

全自动视觉印刷机在印刷锡膏时，锡膏在刮刀的推力作用下滚动前进，所受到的推力可分解为水平方向的分力和垂直方向的分力。当运行至模板窗口附近时，垂直方向的分力使黏度已降低的焊膏顺利地通过窗口印刷到 PCB 焊盘上，当平台下降后便留下精确的焊膏图形。

项目四

全自动锡膏印刷作业

工作任务　蓝牙音箱标准化锡膏印刷

1. 任务描述

按照蓝牙音箱作业指导书，完成蓝牙音箱的自动印刷，蓝牙音箱的成品如图 4-1 所示。

图 4-1　蓝牙音箱成品

2. 工作场景

干净整洁的生产车间、全自动锡膏印刷机、防静电手套、防静电服、防静电腕带等设备。学生每 2～4 人一组。

3. 工作方法

1）空压机的使用

（1）空气压缩机（图 4-2）的选用。

① 排气压力的高低和排气量的大小，一般为 0.7～0.8MPa。

② 用气场地条件，如没有电力、距离过远、无自来水源等。

③ 空气压缩机压缩空气质量，如严禁油、水等。

④ 空气压缩机整体安全性能，如是否有国家规定、“两证”制度、储气罐是否有生产许可证等安全证。

图 4-2　空气压缩机的选用

（2）空气压缩机的操作。

空气压缩机的操作面板如图 4-3 所示。

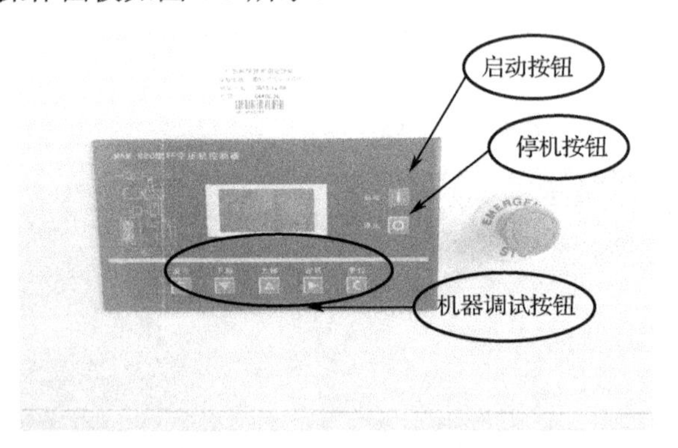

图 4-3　空气压缩机的操作面板

① 打开总开关电源，首先用万用表测试电源输入和输出电压是否达到标准，一般为 380V。

② 操作空压机界面，单击启动按钮，设置机器排气量（一般情况下，出厂已经设置好，请勿随便调节）。

③ 在使用储气时，如发现吹出的气体有污水，须先关闭电源，然后手动打开储气罐排污水阀，（建议一周放一次），如图 4-4 所示。

（3）空气压缩机的维护保养。

① 放置压缩机位置必须要通风良好。

② 每日务必对机器进行擦拭，确保机器表面清洁干净；认真查看机器所有的螺丝是否松动，气管是否爆裂。

③ 每周务必对机器里面的过滤网进行清洗；对机器进行加油、换油及对储气罐进行排水。

④ 每月务必对机器的性能进行评估，实际查看排气压力的高低和排气量的大小，以及电压输入和输出是否正常。

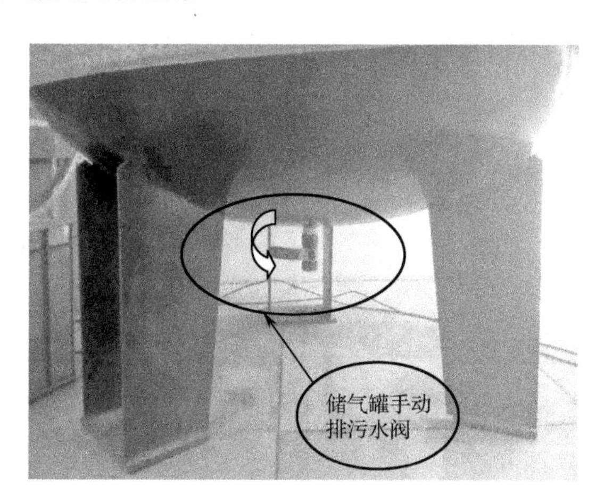

图 4-4　空气压缩机的手动排污水阀

2）锡膏的使用

（1）锡膏的储存（图 4-5）。

图 4-5　锡膏的储存

① 锡膏与红胶应该以密封形态按照先进先出的原则分别存放在锡膏保存箱内（冷藏），温度设置为 0～10℃，湿度为 45%～65%。

② 每日进行冷藏箱内温度检查并填好实际温度记录。

③ 务必对每瓶锡膏做好相应的跟踪标签，贴在锡膏瓶上，以便跟踪。

（2）锡膏的回温（图 4-6）。

① 使用锡膏前，应从冰箱取出，放在常温指定的位置进行回温，时间为 2～4h。

② 回温合格后，需对每瓶锡膏上的标签进行记录。

③ 对于没使用的锡膏应及时放回冷藏箱储存。

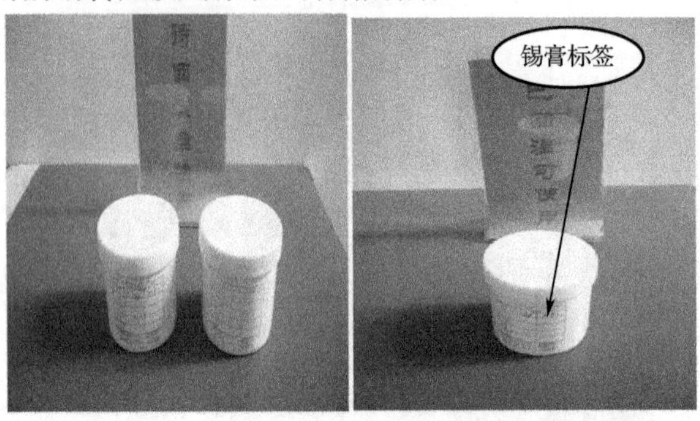

图 4-6　锡膏的回温

（3）锡膏的搅拌（图 4-7）。

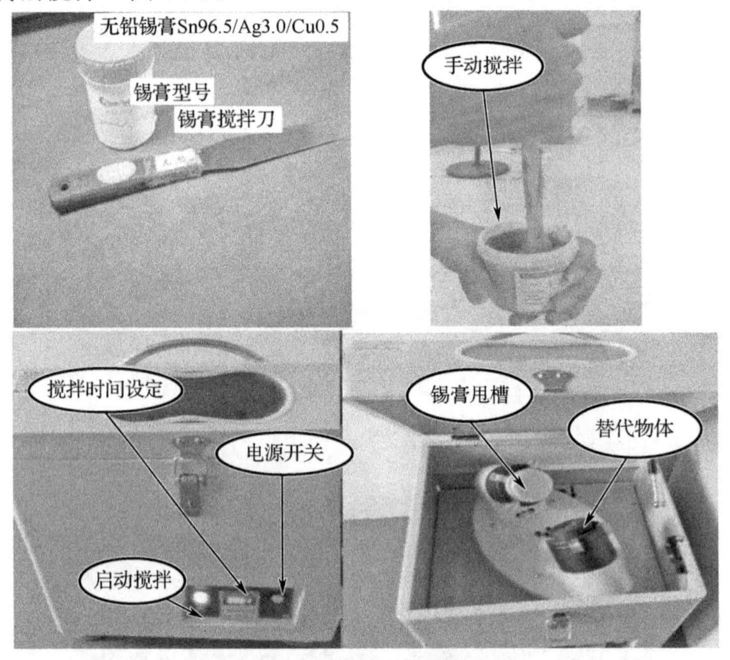

图 4-7　锡膏的搅拌

① 回温合格的锡膏须进行搅拌，人工搅拌 4～5min，用锡膏搅拌刀在锡膏瓶内进行均匀地来回搅拌。

② 全自动搅拌须在搅拌机上面进行，搅拌时间一般设定为 2～3min。

③ 设定好时间后，打开盖子，把需要搅拌的锡膏放在甩槽上，检查另一个甩槽是否有同等重量的代替物体，也可以放置两瓶锡膏一起搅拌。

④ 正确放入锡膏后，把搅拌机盖盖上并锁好，按下启动搅拌按钮。

⑤ 搅拌合格后，在报表上记录搅拌时间。

☆注意

机器在运行过程中，请勿开盖查看。

3）自动上板机的使用

（1）载板框的使用（图 4-8）。

图 4-8　载板框的使用

① 打开载板框四脚的按钮，以需要生产的 PCB 尺寸进行宽度调节。

② 把需要生产的 PCB 依次放进载板框里面，尽量往里面放入，要平整，宽度应保证将要放进的 PCB 可以来回移动。

③ 最后把装载好的载板框放入自动上板机上。

（2）自动上板机的使用（图 4-9）。

把载板框放入自动上板机轨道上，先按启动键，再按自动键，轨道上的载板框会自动移到正确的位置，自动上板机会根据印刷机给出的信号进行工作。

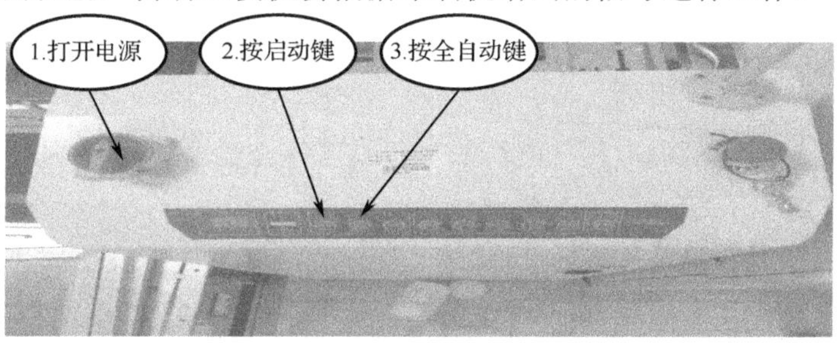

（a）

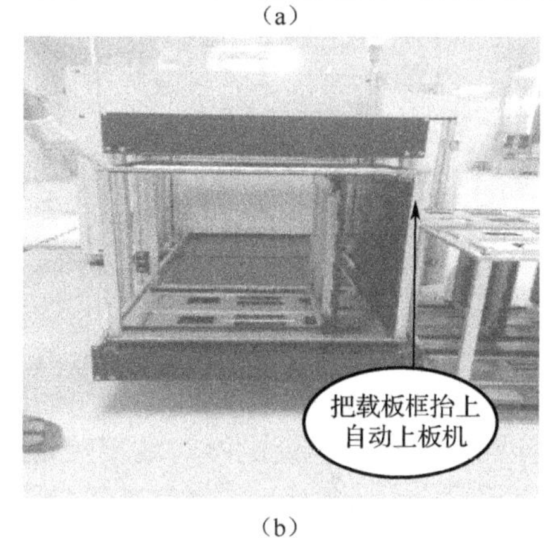

（b）

图 4-9　自动上板机的使用

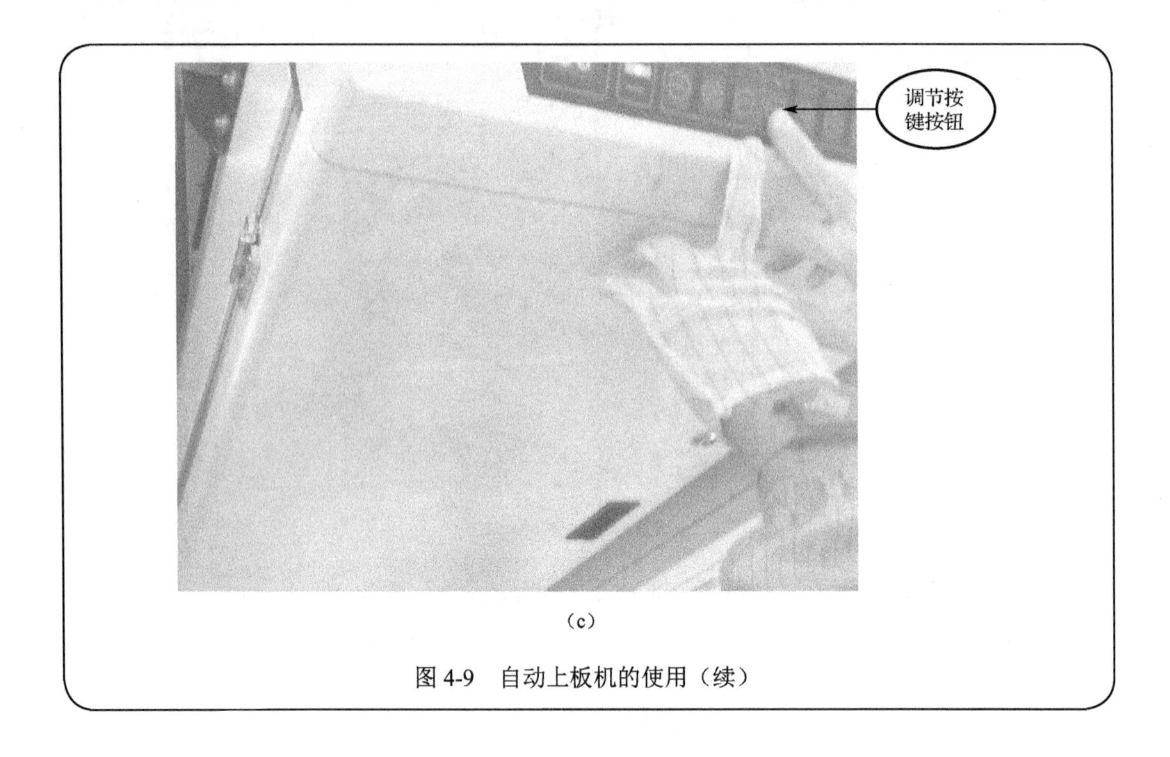

（c）

图 4-9　自动上板机的使用（续）

任务一　生产前准备工作

一、开机前检查

（1）检查所输入电源的电压、气源的气压是否符合要求。

（2）检查机器各接线是否连接好。

（3）检查设备是否良好接地。

（4）检查气动系统是否漏气，空气输入口过滤装置有无积水，是否正常工作。

（5）检查机器各传送皮带松紧是否适宜。

（6）检查是否有杂物留在电控箱内，电控箱内各接线插座是否插接良好。

（7）检查有无工具等物品遗留在机器内部。

（8）根据所要印刷的 PCB 要求，准备好相应的网板和锡膏。

（9）检查磁性顶针和真空吸盘是否按所要生产的 PCB 尺寸大小摆放到工作台板上。

（10）检查清洗用卷纸是否装好，检查酒精箱的液位（液面应超出液位感应器）。

（11）检查机器的紧急制动开关是否弹起。

（12）检查三色灯工作是否正常，检查机器前后罩盖是否盖好。

二、开始生产前准备

1. 模板的准备

（1）模板基板厚度及窗口尺寸大小直接关系到焊膏印刷质量，从而影响到产品质量。模板应具有耐磨、孔隙无毛刺和锯齿、孔壁平滑、焊膏渗透性好、网板拉伸小、回弹性好等特点。

（2）根据网框尺寸大小移动网框支承板，至标尺指示钢网相应刻度位置，网框两边指示的数字要求相同（图 4-10），再将网板锁紧。

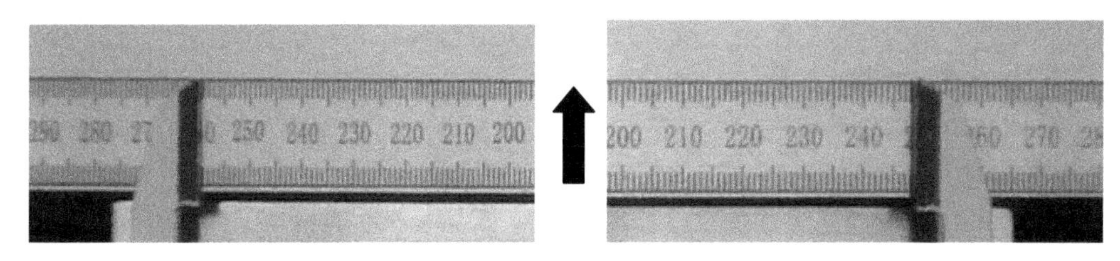

图 4-10　网框两边指示的数字要求相同

2. 锡膏准备

（1）在 SMT 生产中，焊膏的选择是影响产品质量的关键因素之一。不同的焊膏决定了允许印刷的最高速度，焊膏的黏度、润湿性和金属粉粒大小等性能参数都会影响最后的印刷品质。

（2）对焊膏的选择应根据清洗方式、元器件及电路板的可焊性、焊盘的镀层、元器件引脚间距、用户的需求等综合起来考虑。

（3）锡膏选定后，应根据所选锡膏的使用说明书要求使用。

（4）锡膏从冰柜中取出后不能直接使用，必须在室温 25℃左右回温（具体使用根据说明书而定）；锡膏温度应达到与室温相同才可开瓶使用。

（5）在使用前必须搅拌均匀，直至锡膏变成浓浓的糊状并用刮刀挑起能够很自然地分段落下方可使用。

（6）使用时应将锡膏均匀地刮涂在刮刀前面的模板上，且超出模板开口位置，保证刮刀运动时能将锡膏通过网板开口印到 PCB 的所有焊盘上。

3. PCB 定位调试

（1）打开机器主电源开关。

（2）进入印刷机主画面，弹出“归零”对话框。

（3）单击“归零”对话框的“开始归零”按钮，让机器运动部件回到原点部位。

（4）归零完成，进入“权限管理”页面，选择自己的身份，除操作员以外，其他三种权限均需要输入密码来确认身份。身份得到确认后，“开始”工具栏会呈现在窗口。

（5）创建新文件，单击“开始”工具栏上的“新建工程”图标，在窗口中央出现“创建新目录”对话框，在文件目录栏键入新建文件名，单击“确认”按钮。

（6）文件创建成功后，程序自动弹出“数据录入第一页”对话框。若未弹出该对话框，可单击“数据录入”图标，进入“数据录入第一页”对话框。

（7）在“数据录入第一页”对话框中，进行 PCB 设置，输入所要生产的 PCB 名称、型号、长、宽、厚和运输速度等参数。

（8）单击“数据录入第一页”中的“下一步>>”按钮，进入“数据录入第 2 页”。在“数据录入第 2 页”中输入所要生产 PCB 的各项参数，如导轨夹紧量、挡板汽缸移动调节选项、PCB 定位和 MARK 点设置等。

（9）进行 PCB 定位。

① 单击“刮刀后退”按钮，将刮刀移动到后限位处。

② 单击“宽度调节”按钮，将运输导轨自动调到适宜所要生产 PCB 的宽度。

③ 再单击“移动挡板汽缸”按钮，将挡板汽缸移动到 PCB 停板位置，此时将 PCB 放到运输导轨进板入口处。

④ 打开 PCB 定位选项中的“停板汽缸开关”，停板汽缸轴向下运动到停板位置。

⑤ 打开 PCB 定位选项中的“运输开关”，将 PCB 送到停板汽缸位置，用眼睛观察 PCB 是否停在运输导轨的中间，如 PCB 不在运输导轨中间，则需要调整停板汽缸位置，需要使用键盘上的“←”“↑”“→”“↓”箭头键进行调整，直到 PCB 位置合适。

⑥ 将“运输开关”关闭，停止运输；同时打开“PCB 吸板阀”，用真空吸吸住 PCB；关闭“停板汽缸”。

⑦ 打开“平台顶板开关”，工作台向上升起；打开“导轨夹紧开关”，固定住 PCB；单击“CCD 回位”按钮，将 CCD Camera 回到原点位置；单击“Z 轴上升”，将 PCB 升到紧贴钢网板底面位置。

⑧ 用眼睛观察网板与 PCB 的对准情况，并用手移动调节网框和定位夹紧装置，使之与 PCB 对准。

⑨ 关闭“网框固定阀”和“网框夹紧阀”，打开“Y 向定位汽缸”，固定和夹紧钢网。

⑩ 单击“Z 轴下降”，使工作平台回到取像位置。

（10）在“数据录入第 2 页”对话框中，单击“MARK 点设置”按钮，MARK 点设置栏可用。

① 分别获得两个对角 PCB 标志点离 PCB 边缘的距离 x、y（“ ”和“ ”），对应双击白色图片上的红圈，弹出一个输入对话框，输入相应的 x、y 值。

② 采集标志点，单击 MARK 点设置栏中的 “PCB 标志 1”按钮，进入“模板定制”界面。

③ 在“模板定制”界面中，根据对话框中“手动移动速度的设置”，用手移动键盘上的箭头键（←、↑、→、↓）或用鼠标移动，待寻找到标志图像后，依次单击

“实时显示”“采集图像”“搜寻范围”“设置模板”“定制模板”按钮或者只单击“自动定位”按钮，将图像定位。然后，单击“确认”按钮，退回到“数据录入第 2 页”对话框。

④ 参照②、③步骤，制作出 PCB 标志 2、钢网标志 1、钢网标志 2 的模板。

⑤ 待标志点采集完后，单击“数据录入第 2 页”对话框中的“确认”按钮，弹出“是否要平台回位或送板”提示框，选择“是”，回到印刷机主窗口画面。

4. 刮刀的安装

（1）打开机器前盖。

（2）移动刮刀横梁到合适位置，将装有刮刀片的刮刀压板装到刮刀头上。

（3）进入机器主界面，单击“开始”工具栏上的“刮刀设置”图标，进入“印刷”对话框，进行刮刀升降行程的设置。

（4）刮刀行程调整以刮刀降到最低位置刀片正好压在钢网板上为宜。

☆注意

刮刀片安装前应检查其刀口是否平直，有无缺损。

5. 刮刀压力和速度的选择

刮刀的压力和刮刀速度是钢网印刷中两个重要的工艺参数。

（1）刮刀速度。刮刀速度的选择和锡膏的黏稠度及 PCB 上 SMD 的最小引脚间距有关，选择锡膏的黏稠度越大，则刮刀的速度越低，反之亦然。对刮刀速度的选择，一般先从较小压力开始试印，慢慢加大，直到印出好的焊膏为止。速度范围为 15～50mm/s。在印刷细间距时，应适当降低刮刀速度，一般为 15～30mm/s，以增加锡膏在窗口处的停滞时间，从而增加 PCB 焊盘上的锡膏；印刷宽间距元件时，速度一般为 30～50mm/s（>0.5mm 为宽间距，<0.5mm 为细间距）。本项目使用的机器刮刀速度允许设置范围为 0～80mm/s。

（2）刮刀压力。压力直接影响印刷效果，压力以保证印出的焊膏边缘清晰、表面平整、厚度适宜为准。压力太小，锡膏量不足，容易产生虚焊；压力太大，导致锡膏连接，会产生桥接。因此刮刀压力一般设定为 0.5～10kg。

6. 脱模速度和脱模长度

（1）脱模速度。指印刷后的基板脱离模板的速度。在焊膏与模板完全脱离之前，分离速度要慢；待完全脱离后，基板可以快速下降。慢速分离有利于焊膏形成清晰边缘，对细间距的印刷尤其重要。一般设定为 3mm/s，太快易破坏锡膏形状。本项目使用的机器允许设置范围为 0～20mm/s。

（2）PCB 与模板的分离时间。即印刷后的基板以脱板速度离开模板所需要的时间。时间过长，易在模板底面残留焊膏；时间过短，不利于焊膏的站立。一般控制在 1s 左右。本项目使用的机器用脱模长度来控制此变量，一般设定为 0.5～2mm。本项目使用的机器允许设置范围为 0～10mm。

任务二　试生产

一、试印刷

在以上准备工作完成后，即可进行 PCB 的试印刷。操作方法如下。

（1）单击主界面右上角的“开始”按钮，按照操作界面上对话框的提示进行操作，完成一块 PCB 的自动印刷。

（2）如检测结果不符合质量要求，应重新进行参数设置或输入印刷误差补偿值；如检测结果满足质量要求，则可正式开始生产。

（3）锡膏印刷质量的要求是：本项目使用的机器设定锡膏厚度为 0.1～0.3mm、焊膏覆盖焊盘的面积在 75%以上即可满足质量要求。

二、生产流程图

SMT 印刷生产的流程图如图 4-11 所示。

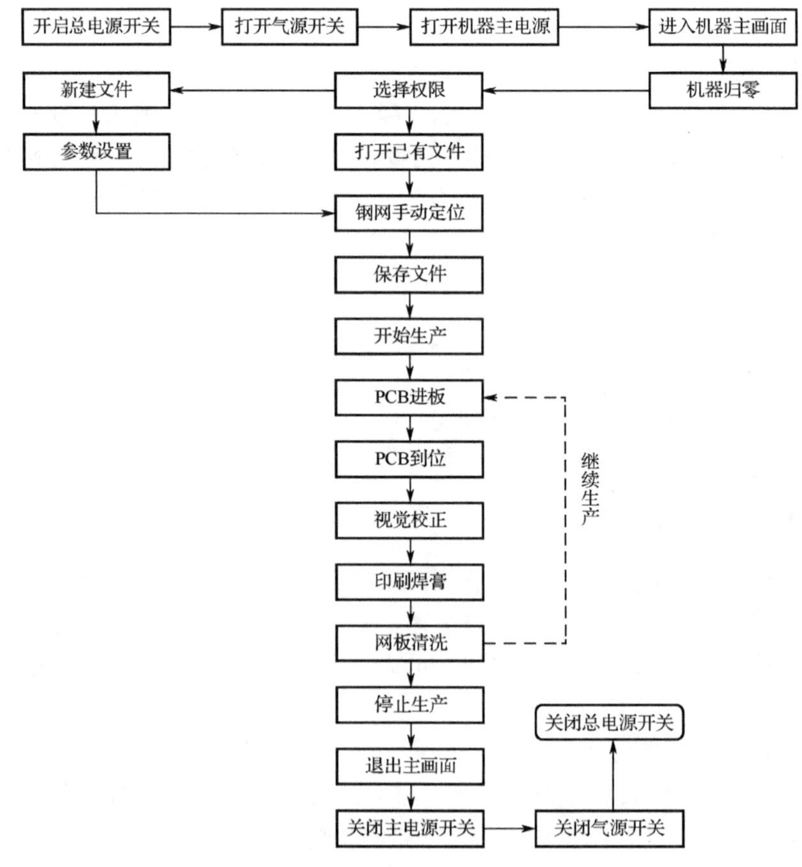

图 4-11　SMT 印刷生产流程图

任务三　SMT 印刷工艺参数与质量

一、SMT 印刷工艺参数

丝印机印刷参数的设定调整包括以下几项。

1. 刮刀压力

刮刀压力的改变对焊膏印刷影响很大。压力太小，焊膏不能有效到达网板开孔的底部，且不能很好地沉积在焊盘上；压力太大，焊膏印得太薄，甚至会损坏网板。理想的状态为正好把焊膏从网板表面刮干净。另外，刮刀的硬度也会影响焊膏的厚薄。太软的刮刀（复合刮刀）会使焊膏凹陷，所以在进行细间距印刷时，建议采用较硬的刮刀或金属刮刀。

2. 印刷厚度

印刷厚度是由网板的厚度决定的，当然机器的设定和焊膏的特性也有一定的关系。印刷厚度的微量调整，经常通过调节刮刀速度和刮刀压力来实现。适当降低刮刀的印刷速度，能够增加印到 PCB 的焊膏量。降低刮刀的速度等于提高刮刀的压力；相反，提高刮刀的速度等于降低刮刀的压力。

3. 印刷速度

印刷速度主要指刮刀速度。刮刀速度快，有利于网板的回弹，但同时会阻碍焊膏向 PCB 焊盘上输送，而速度过慢会引起焊盘上所印焊膏的分辨率不良。另一方面，刮刀速度和焊膏黏滞度有很大的关系。刮刀速度越慢，焊膏黏滞度就越大；反之，刮刀速度越快，焊膏黏滞度就越小。对于细引脚间距，刮刀速度一般为 25mm/s 左右。

4. 印刷方式

网板的印刷方式分为接触式（On—Contact）和非接触式（Off—Contact）。网板与 PCB 之间存在间隙的印刷称为非接触式印刷。在机器上，这个距离是可调整的，一般间隙为 0～1.27mm。网板印刷没有印刷间隙（即零间隙）的印刷方式称为接触式印刷。接触式印刷的网板垂直抬起可使印刷质量所受影响最小，它更适用于细间距的焊膏印刷。

5. 刮刀的参数

刮刀的参数包括刮刀的材料、厚度和宽度，刮刀相对于刀架的弹力及刮刀相对于网板的角度等，这些参数均不同程度地影响着焊膏的分配。其中，刮刀相对于网板的角度为 60°～65°时，焊膏印刷的质量最佳。

在印刷的同时要考虑开口尺寸和刮刀走向的关系。焊膏的传统印刷方法是刮刀沿着网板的 X 或 Y 方向以 90° 角度运行，这往往导致了元器件在开孔走向不同时焊膏量不同。实验证明，当开孔长度方向与刮刀方向平行时，刮出的焊膏厚度比两者垂直时刮出的焊膏厚度多了约 60%。刮刀以 45° 角度运行，可明显改善焊膏在不同网板开孔走向上的失衡现象，同时还可以减少刮刀对细引脚间距的网板开孔的损坏。

6. 脱模速度

PCB 与网板的脱离速度也会对印刷效果产生较大影响。时间过长，易在网板底部残留焊膏；时间过短，不利于焊膏的直立，影响其清晰度。

7. 网板清洁

生产过程中对网板的清洁方式和清洁频率将直接影响印刷质量的好坏，建议采用酒精清洗和用压缩空气喷吹两种方式相结合对网板进行清洁。一般在生产 10 块 PCB 后应对网板进行清洗，具体方法是：先用洁净的纱布蘸取适量的酒精进行两面擦拭，然后用气枪由底向上喷吹（反之则易污染 PCB），最后再用干布擦拭干净。需要注意的是，酒精不要用得太多，否则网板底部残留的少量酒精与 PCB 接触时会浸润 PCB 焊盘，使焊盘对焊膏的黏着力下降，造成印刷焊膏过少。此外，还要注意气压不要过大，否则容易造成 QFP 的引脚开孔处变形。

二、影响焊锡膏印刷质量的因素

影响焊锡膏印刷质量的主要因素包括以下几点。

1. 钢网质量

钢网厚度与开口尺寸决定了锡膏的印刷量。锡膏量过多，会产生桥接；锡膏量过少，会产生锡膏不足或虚焊。钢网开口形状及开孔壁是否光滑也会影响脱模质量。

2. 锡膏质量

锡膏的黏度、印刷性（滚动性、转移性）、常温下的使用寿命等都会影响印刷质量。

3. 印刷工艺参数

刮刀速度、压力、刮刀与网板的角度及锡膏的黏度之间存在着一定的制约关系，因此只有正确控制这些参数，才能保证锡膏的印刷质量。

4. 设备精度

在印刷高密度、细间距产品时，印刷机的印刷精度和重复印刷精度也会对印刷质量造成一定的影响。

5. 环境温度、湿度和环境卫生

环境温度过高会降低锡膏的黏度。湿度过大时锡膏会吸收空气中的水分；湿度过小时会加速锡膏中溶剂的挥发。如果环境中的灰尘混入锡膏中，会使焊点产生针孔等缺陷。

项目五

全自动印刷机编程

工作任务　自动印刷机编程

自动印刷机的使用步骤如下所述。

（1）自动印刷机启动（图 5-1）。

① 开机前须检查设备周边插座电源是否连接良好。

② 机器表面是否放有其他杂物，机器上是否有危险勿动的标识。

③ 找到开关，往左轻轻扭动，机器就可开启。

图 5-1　自动印刷机的启动

（2）自动印刷机程序制作。

① 开机启动后，双击印刷软件图标，如图 5-2 所示。

② 为了使程序更加精确，机器每次开启时都会进行归零复位处理，单击“开始归零”按钮，归零后单击“退出”按钮进入下一个界面，如图 5-3 所示。

③ 为了更有效地保护机器参数及程序，机器上设有级别选择，单击技术员级别，输入密码，进入下一个界面，如图 5-4 所示。

④ 为了更有效地管理编辑的程序文件，依据产品的型号进行归类，再单击“确认”按钮，如图 5-5 所示。

图 5-2 双击印刷软件图标

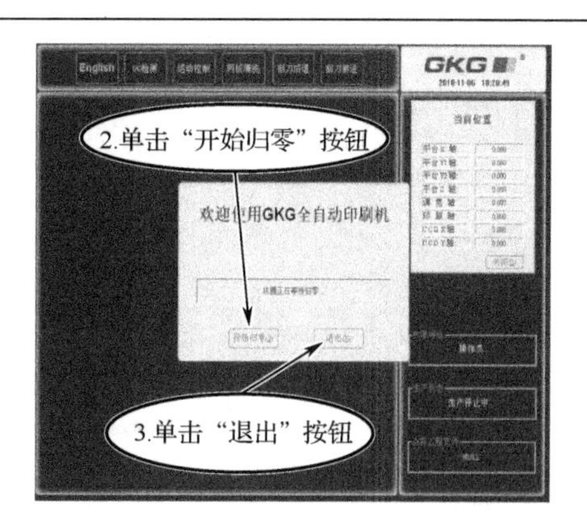

图 5-3 自动印刷机的归零

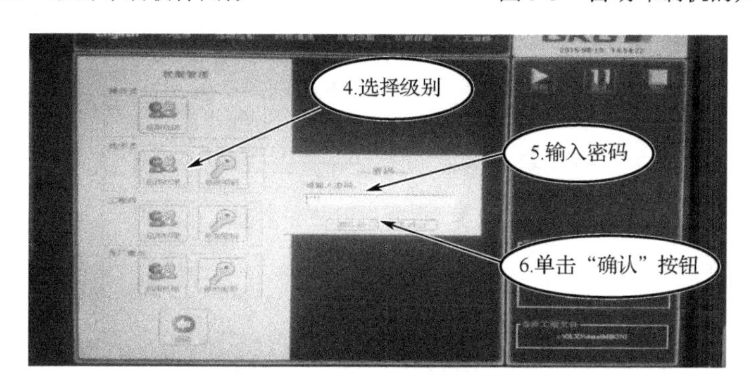

图 5-4 选择级别和输入密码

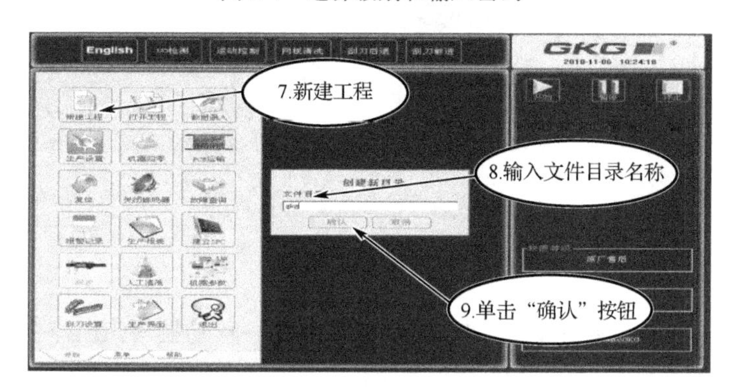

图 5-5 管理程序文件

（3）PCB 尺寸设定（图 5-6）。

① 根据 PCB 的尺寸进行设置，页面上有数据的可以用默认的数据，无须更改。

② 此界面前面两个步骤（1 和 2）必须以 PCB 和钢网的实际尺寸进行填写，如果没有其他较为特殊的产品，则可以使用默认数据。

③ 执行图 5-6 中的第 7 个步骤时会弹出提示，单击“确定”按钮调节所设定的导轨宽度。

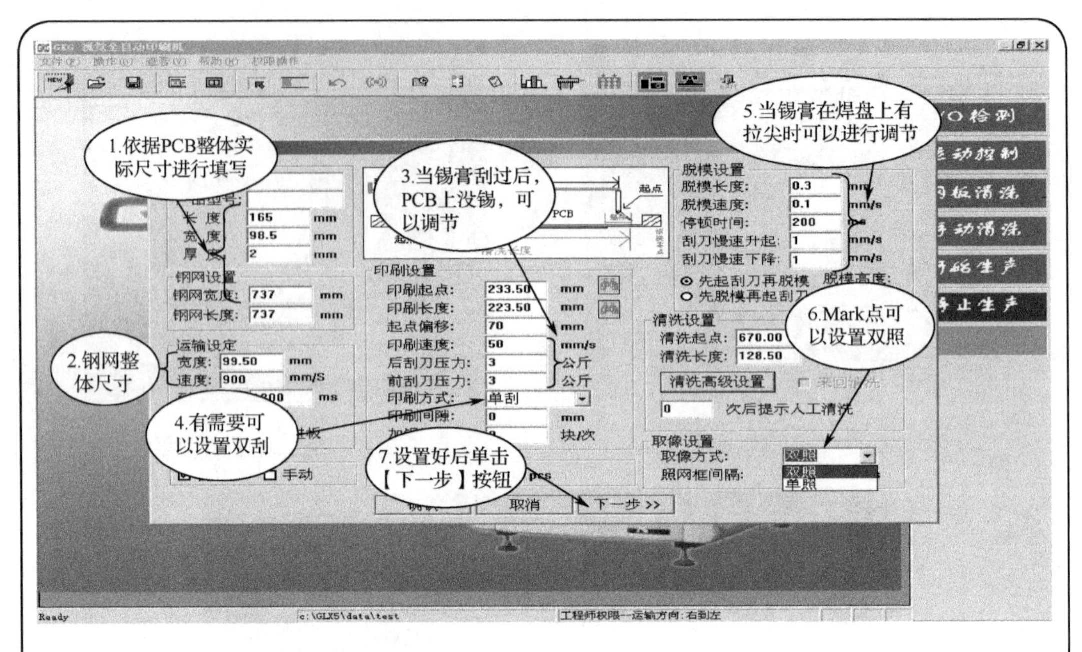

图 5-6　PCB 尺寸设定界面

（4）钢网模板固定（图 5-7）。

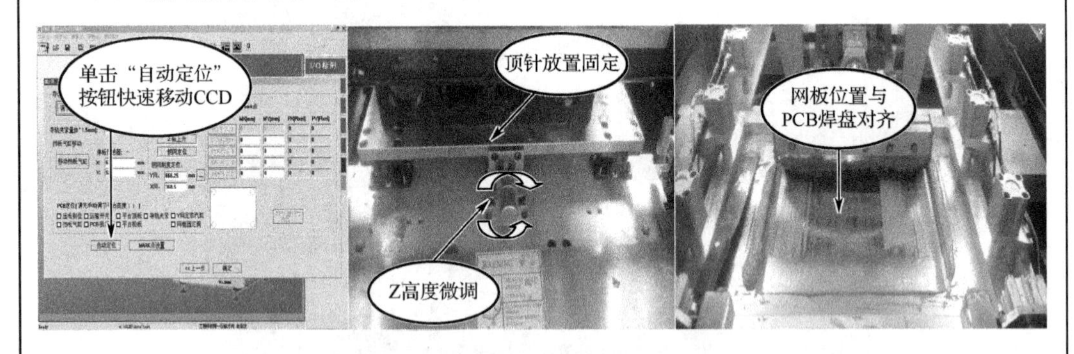

图 5-7　钢网模板固定操作示意图

具体步骤为：首行要确认 PCB 顶升平台高度→移动挡板汽缸→打开停板汽缸→打开运输开关→PCB 从入口处进板→关闭运输开关→打开 PCB 吸板阀→关闭停板汽缸（收回）→平台顶板→导轨夹紧→CCD 回位→打开 Z 轴上升手调网框（使网板位置与 PCB 焊盘对齐）→关闭网框固定阀→关闭网框夹紧阀→Z 轴下降（Z 轴下降至取像位置）→单击“<<下一步”按钮，选择 PCB 松板，退出“数据录入第 2 页”对话框。

☆注意

单击“Z 轴上升”按钮，使 PCB 支撑块处在顶板位置，手动将 PCB 放于支撑块上，确认 PCB 上表面是否与导轨两中间压板表面平齐。

（5）Mark 点的设置（图 5-8）。

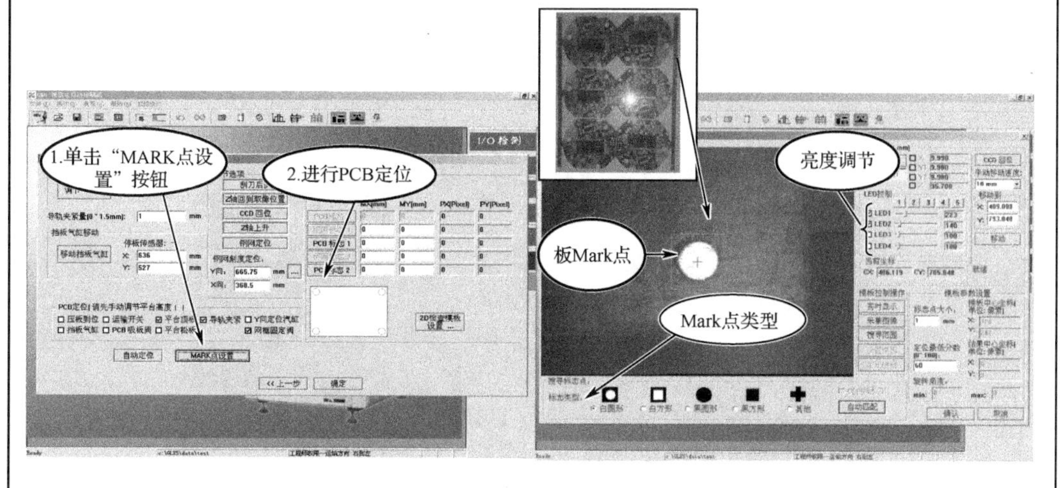

图 5-8　Mark 点设置操作示意图

在“模板定制”界面中，根据对话框中“手动移动速度的设置”用手移动键盘上的箭头键（←、↑、→、↓）或用鼠标移动，待寻找到标志图像后，依次单击“实时显示”“采集图像”“搜寻范围”“设置模板”“定制模板”按钮或者只单击“自动定位”按钮，将图像定位。然后单击“确认”按钮，退回到“数据录入第 2 页”对话框。

（6）刮刀装载（图 5-9）。

① 把设计好的刮刀装载到刮刀臂上。

② 装载过程中须注意装载方法，不可让刮刀掉下，弄坏网板，要注意刮刀的方向，请勿装反。

③ 装载好刮刀后，用搅拌刀从锡膏瓶里取出锡膏，均匀地放入刮刀下面。

图 5-9　刮刀装载示意图

（7）生产设置（图 5-10）。

① 此界面在做完 Mark 点后，在生产模式上可以进行调节。

② 按步骤调节生产过程中需要的项目。

③ 勾选时应根据产品的特殊性及产品的质量级别进行选择。

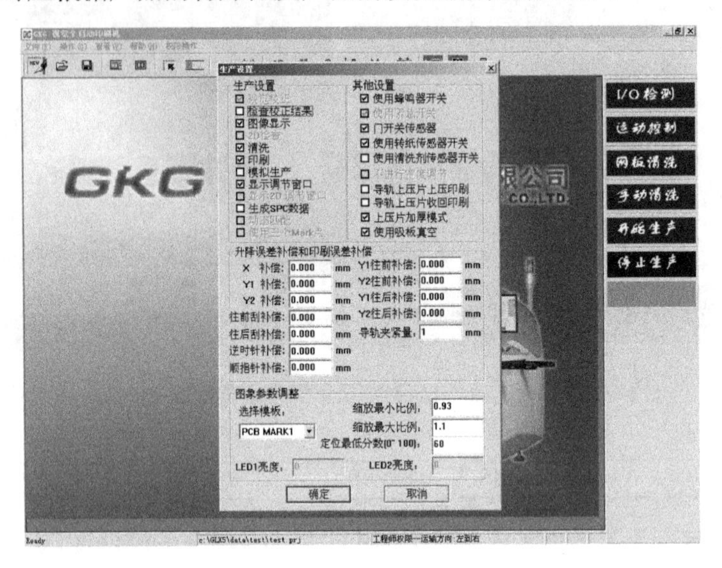

图 5-10 “生产设置”对话框

（8）清洗设置（图 5-11）。

① 在生产模式里面可以调出“清洗高级设置”对话框，在生产过程中对网板进行清洗设置。

② 此模式里面有多种清洗功能，可以根据产品的级别选取清洗功能及清洗间隔。

③ 自动清洗时会消耗酒精和无尘纸，应注意不要铺张浪费。

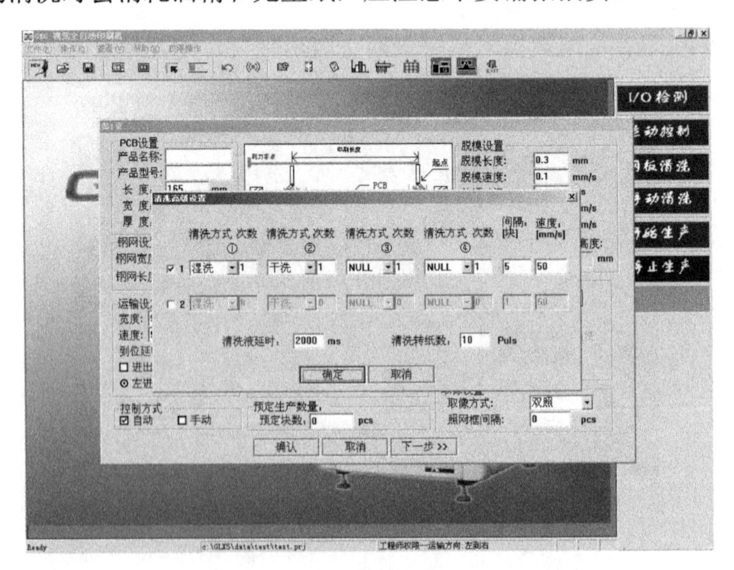

图 5-11 “清洗高级设置”对话框

（9）生产首板微调（图 5-12）。

① 在生产过程中，必须对第一块产品进行检查，必要时须使用放大镜。

② 印刷偏移时，可以在微调窗口进行调节，注意调节的尺度。

③ 确认调节合格后，勾选“不再提示”选项，再单击“确认”按钮即可。

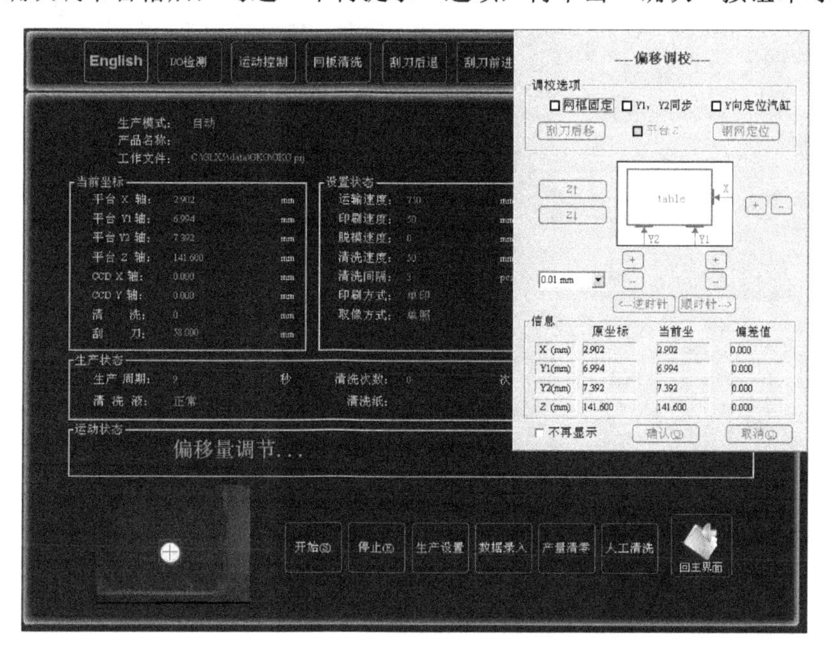

图 5-12　生产首板微调界面

任务一　熟悉全自动印刷机编程软件界面

一、系统启动

打开机器主电源开关，将自动进入主窗口画面。操作程序如下。

打开总电源开关→打开气源开关→打开机器主电源开关→进入机器主画面。

二、主窗口

如图 5-13 所示，主窗口包括 5 个部分，分别是：①主菜单栏；②主画面工具栏 1；③主画面工具栏 2；④时间显示栏；⑤状态栏。

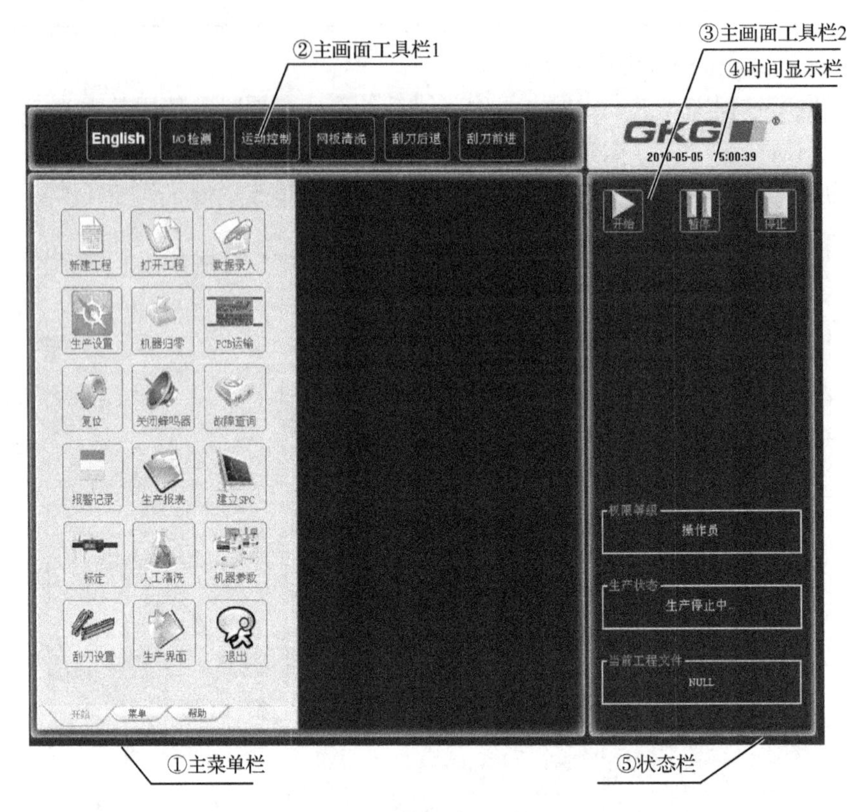

图 5-13　主窗口界面

三、主菜单栏

主菜单栏包含开始、菜单、帮助三项控制命令。在主窗口已显示了开始工具栏。

（一）开始工具栏

单击主菜单栏中的每一项，在主窗口的左侧均有工具栏出现。如单击“开始”菜单命令，出现开始工具栏，如图 5-14 所示，可以进行“新建工程”“打开工程”“数据录入”“生产设置”“机器归零”“PCB 运输”“复位”“关闭蜂鸣器”“故障查询”“报警记录”“生产报表”“建立 SPC”“标定”“人工清洗”“机器参数”“刮刀设置”“生产界面”和“退出”等操作。

1. 新建工程

单击开始工具栏中的“新建工程”图标，弹出“创建新目录”对话框，在文件目录栏输入正确的工程名，单击“确认”按钮，完成新工程的创建；单击“取消”按钮，取消创建新目录，如图 5-15 所示。

图 5-14　开始工具栏

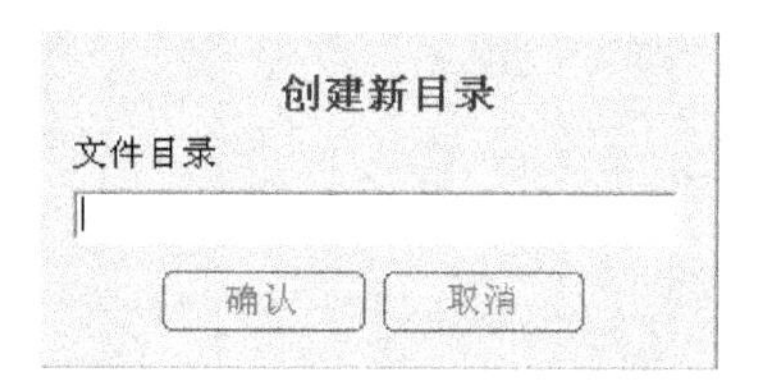

图 5-15　“创建新目录”对话框

2. 打开工程

单击开始工具栏中的“打开工程”按钮，弹出“调用程序”对话框，显示文件列表信息，包括文件名称、最后修改日期及存储位置，如图 5-16 所示。

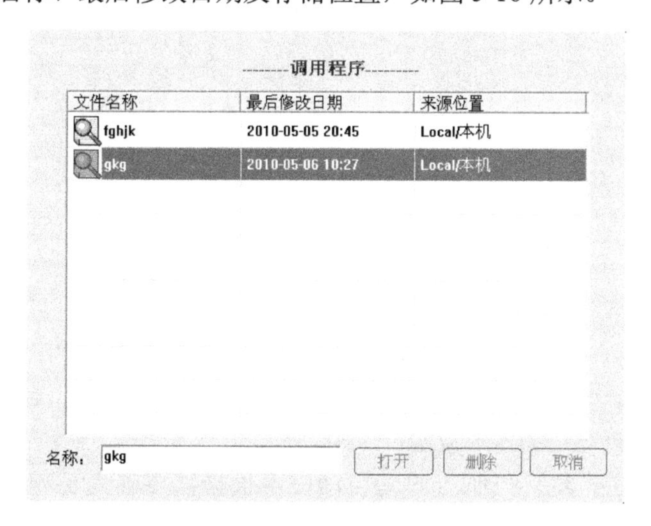

图 5-16　“调用程序”对话框

在文件列表中，选中需要打开的文件，名称栏将显示选中的文件名。

（1）选中需要打开的文件，单击“打开”按钮，打开文件，“调用程序”对话框关闭，主窗口的状态栏显示当前打开的文件。

（2）选中需要删除的文件，单击“删除”按钮，删除选中的文件，返回“调用程序”对话框，等待下一步指令。

（3）单击“取消”按钮，退出“调用程序”对话框，不进行操作。

3. 数据录入

其作用是设定或修改 PCB 参数设置及刮刀压力、运输、印刷、清洗等参数，操作步骤如下。

（1）单击开始工具栏中的“数据录入”图标，弹出“数据录入第一页”对话框，在该对话框中可进行“PCB 设置”“钢网设置”“运输设定”“控制方式”（系统默认为自动）“印刷设置”“脱模设置”“清洗设置”“取像设置”和“预定生产数量”等参数的设定，如图 5-17 所示。

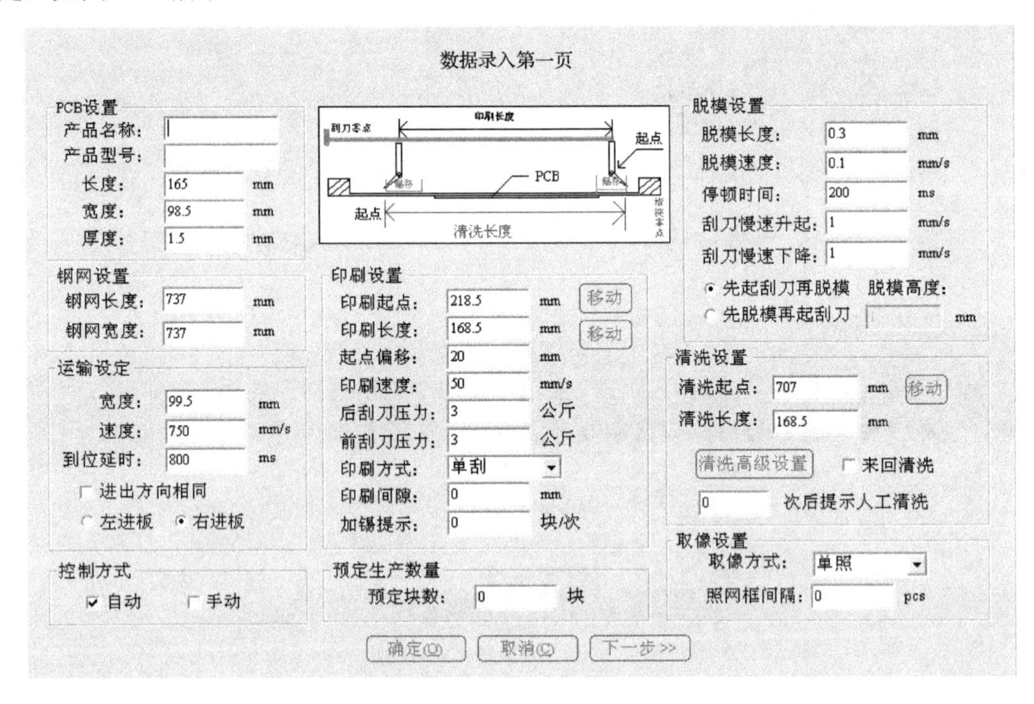

图 5-17 “数据录入第一页”对话框

① 运输设定栏。运输宽度是根据“PCB 板宽+1”自动生成的，用户可以不必更改它。如果需要更改，其输入值必须大于 PCB 的宽度；运输速度、到位延时及进出板的方向，用户可以根据自己的需要设定。

② 控制方式栏。默认控制方式为自动，可根据需要改为手动。选择自动，则生产、清洗等操作自动完成；选择手动，则生产分成多步，需要一一确认，清洗方式也更改为“手动清洗”方式。在正常生产过程中，机器会按如图 5-17 所示的对话框中所输入的“清洗间隔”生产完一定数量的产品后自动停下，并出现“人工清洗”对话框，等待人工清洗网板。

③ 印刷设置栏。印刷起点、印刷长度的数值由软件自动生成，用户也可以根据生

产的实际情况进行修改，单击印刷起点旁的“移动”按钮，印刷轴将会运动到印刷起点位置；单击印刷长度旁的“移动”按钮，印刷轴将会运动到印刷终点位置。印刷方式有单刮、双刮两种。

④ 预定生产数量栏。可以设定预定生产 PCB 的数量。

⑤ 脱模设置栏。脱模长度、脱模速度、停顿时间、刮刀慢速升起及刮刀慢速下降，用户可以根据需要对其更改，但建议使用默认值；脱模方式分为两种，即先起刮刀再脱模和先脱模再起刮刀。选择了“先脱模再起刮刀”后，可以对“脱模高度”进行设置。

⑥ 清洗设置栏。清洗起点值可以不用设置，在输入 PCB 宽度后，清洗起点自动生成；单击清洗起点旁的“移动”按钮，印刷轴运动到清洗起点位置；选中“来回清洗”，则在正常生产过程中，实行双向清洗。单击“清洗高级设置”按钮，进入如图 5-18 所示的对话框。

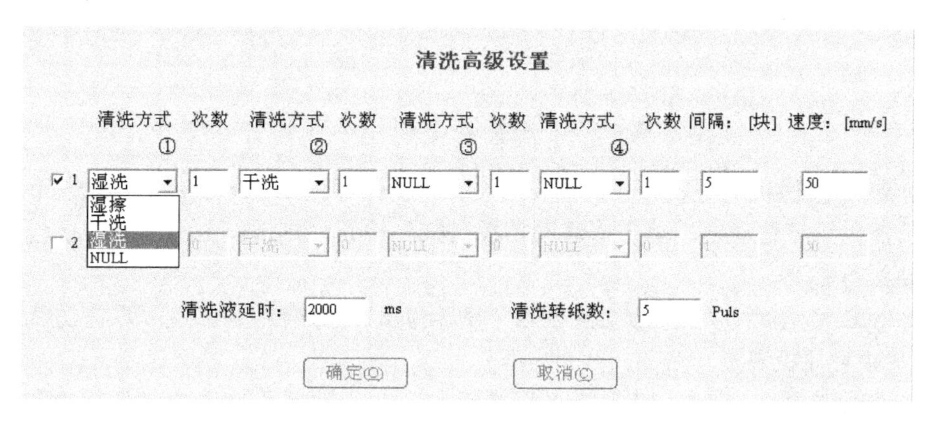

图 5-18 “清洗高级设置”对话框

清洗方式分为三种：湿擦、干洗和湿洗。每种清洗方式后都有一个清洗次数设置，另外，在此对话框还可以输入清洗间隔、清洗速度、清洗液延时及清洗转纸数，用户可以根据自己的需要进行设置。

⑦ 取像设置栏。可设置视觉校正的取像方式为“双照”或“单照”，在有钢网时选择“双照”，在无钢网时选择“单照”；还可以对印刷精度进行设置。

⑧ 在进行参数设置时，如所输入的数值超出机器设置范围，屏幕会显示“输入超出范围”的错误提示，并会显示所输入参数的机器设置范围。

（2）以上参数设置好以后，单击“数据录入第一页”界面上的“确定”按钮，回到主窗口界面；如果单击“取消”按钮，取消以上设置，则机器仍为前次录入的参数，并回到主窗口界面。

（3）选择“数据录入第一页”对话框上“下一步>>”按钮，会弹出“下一步将调整运输导轨宽度”提示框，单击“确定”按钮，则进入“数据录入第 2 页”对话框，如图 5-19 所示。

在“数据录入第 2 页”对话框中可进行“导轨宽度调节”“挡板汽缸移动”“刮刀后退”“Z 轴回到取像位置”“CCD 回位”“Z 轴上升”“钢网定位”等参数的调节。

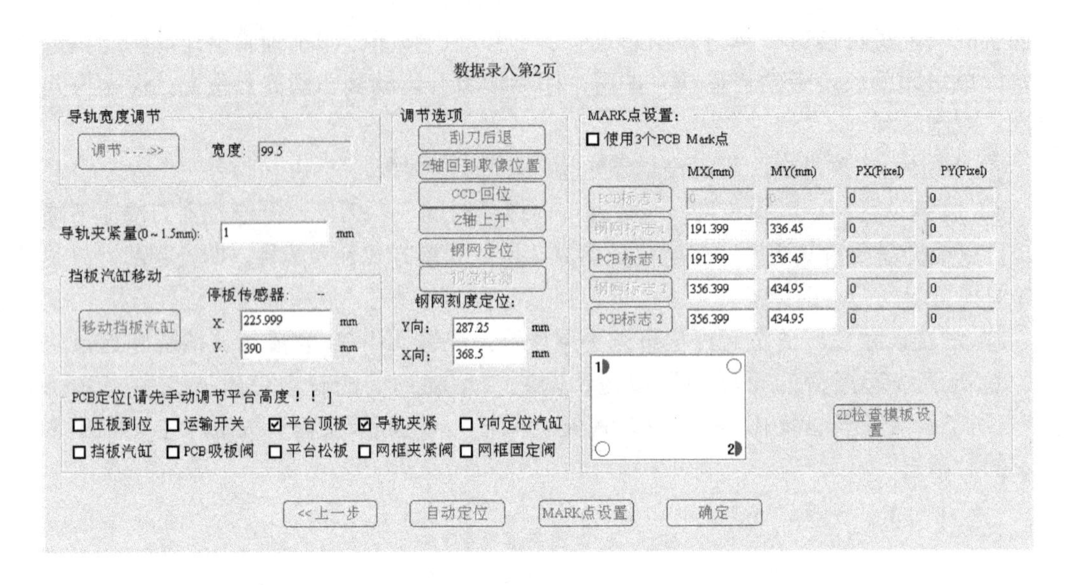

图 5-19 “数据录入第 2 页”对话框

① 导轨宽度调节栏。单击“调节...>>”按钮，导轨将按照右边显示的宽度进行调节。

② 挡板汽缸移动栏。单击“移动挡板汽缸”按钮，挡板汽缸将根据停板传感器的 X、Y 值进行移动。

③ PCB 定位栏。“压板到位”在生产薄板的时候才会用到，生产厚板的时候不使用，避免损坏压板装置。

④ 调节选项栏。单击“Z 轴上升”按钮，完成 Z 轴上升的动作；“Z 轴上升”按钮凹陷变成“Z 轴下降”按钮，单击“Z 轴下降”按钮，完成 Z 轴下降动作；“Z 轴下降”按钮凸出变成“Z 轴上升”按钮。

⑤ MARK 点设置栏。“2D 检查模板设置”默认是不可用的，如果用户需要用到这个功能，须和厂商联系，进行开通。

PCB 定位调试的操作程序如下。

首行要确认 PCB 顶升平台高度→移动挡板汽缸→打开停板汽缸→打开运输开关→PCB 从入口处进板→关闭运输开关→打开 PCB 吸板阀→关闭停板汽缸（收回）→平台顶板→导轨夹紧→CCD 回位→打开 Z 轴上升手调网框（使网板位置与 PCB 焊盘对齐）→打开网框固定阀→打开网框夹紧阀→Z 轴下降（Z 轴下降至取像位置）→单击“<<下一步”按钮，选择 PCB 松板，退出“数据录入第 2 页”对话框。

☆注意

单击“Z 轴上升”按钮，使 PCB 支撑块处于顶板位置，手动将 PCB 放于支撑块上，确认 PCB 上表面与导轨两中间压板表面平齐。

（4）单击“数据录入第 2 页”对话框左下角的“自动定位”按钮，即可进行 PCB 的定位设置。

（5）标志点采集。单击“Z 轴回到取像位置”按钮，使工作台运动到取像位置，此时再单击“MARK 点设置”按钮，MARK 点设置选项可用。

（6）选择需要定制的 PCB 标志点，单击“数据录入第 2 页”对话框上白色图片中对应的红色空心圆圈，红色空心圆圈变成红色实心半圆，并弹出“Mark 点位置设置”对话框，用于输入标志点与 PCB 边缘 X、Y 方向的距离，方便机器更快捷地找到标志点，如图 5-20 所示。

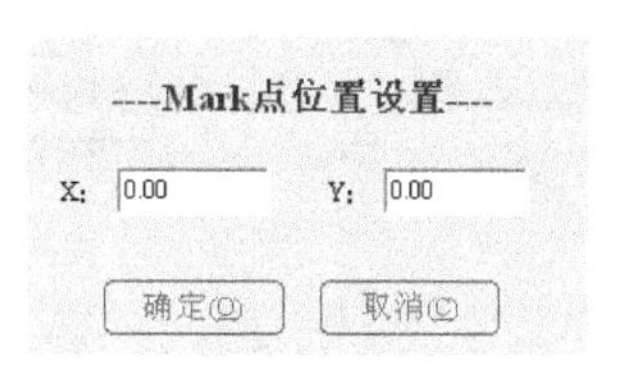

图 5-20 “Mark 点位置设置”对话框

（7）单击“PCB 标志 1”按钮，出现“模板定制”对话框，如图 5-21 所示。

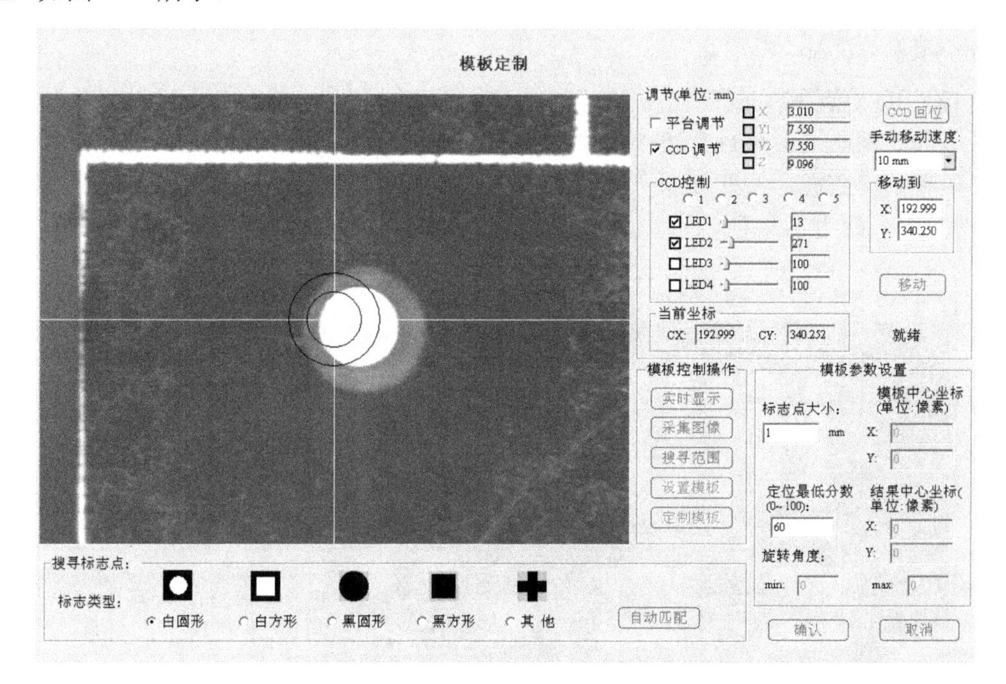

图 5-21 “模板定制”对话框

① CCD 控制栏中有 5 个标着阿拉伯数字的单选框，这些单选框用于不同程度上调节图片的亮度。在进行 PCB 标志点图像采集时，用户可以选择不同的按钮再调节 LED1、LED2 的亮度，以便采集到更清晰的图像。而在进行钢网标志点图像采集时，用户也可以选择不同的按钮再调节 LED3、LED4 的亮度，以便得到更好的效果。

② 搜寻标志点栏。根据实际情况，选择标志点类型。

（8）单击图 5-21 所示对话框中的“移动”按钮，根据对话框中“手动移动速度的设置”提示，用手移动键盘上的箭头键（←、↑、→、↓）或用鼠标移动，待寻找到标志图像后，再单击“自动匹配”按钮，将图像定位（即用红色方框将标志点图像包容），如图 5-22 所示。

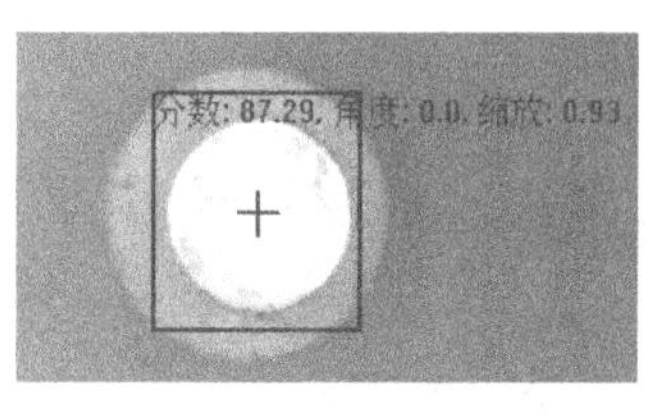

图 5-22　标志点图像

（9）在图 5-21 所示对话框中的“模板控制操作”栏中，连续单击图 5-23 所示方框中的按钮确认（此方法的效果与“自动匹配”一样），然后单击“确认”按钮，返回“数据录入第 2 页”对话框，如图 5-23 所示。

图 5-23　模板控制操作示意图

（10）在图 5-21 所示的“模板定制”对话框中，如果单击右下角的“确认”按钮，则标志点采集完成，数据得到保存，退回到“数据录入第 2 页”对话框；如果单击“取消”按钮，则取消此次采集，图像数据不保存，仍回到“数据录入第 2 页”对话框。

（11）参照步骤（7）～（10）的操作，可以找出钢网标志 1、钢网标志 2、PCB 标志 2 的 Mx、My、Px、Py 值。

（12）2D 检查模板的制作。

① 与厂商联系，开通“2D 检查模板设置”这项功能。

② 单击“数据录入第 2 页”对话框中的“2D 检查模板设置”按钮，弹出“2D 设置”对话框，如图 5-24 所示。

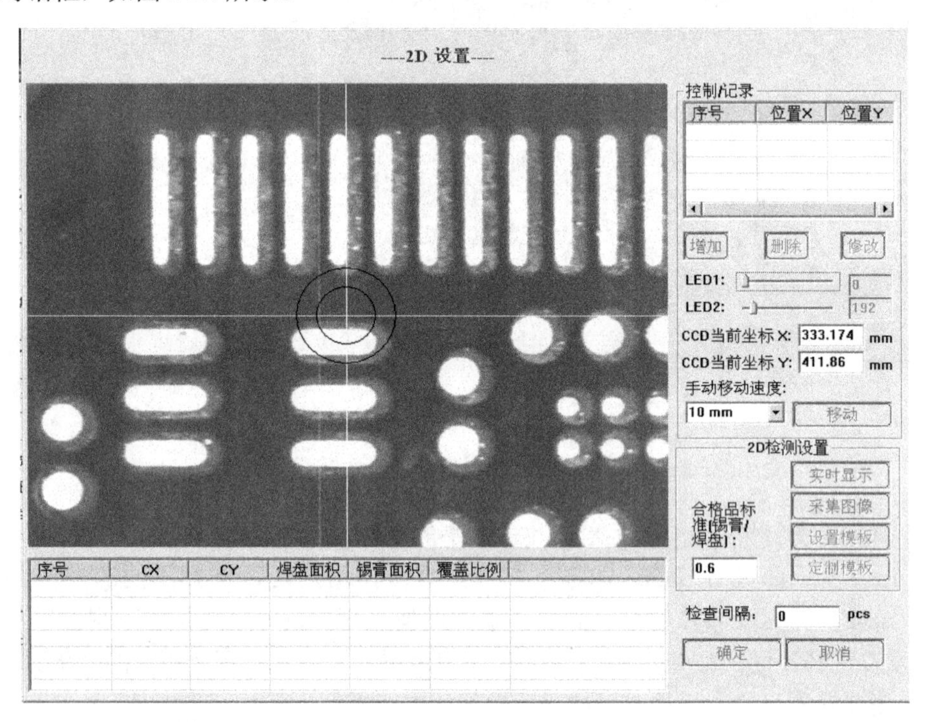

图 5-24　“2D 设置”对话框

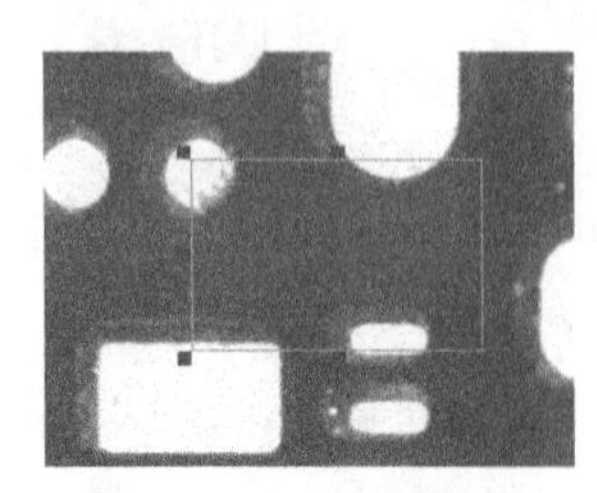

图 5-25　图像区域绿框参考图

③ 单击“2D 设置”对话框中的“增加”按钮，增加一组数据。

④ 调节 LED1、LED2 的亮度，取得较好的画面效果。

⑤ 利用键盘上的箭头键（←、↑、→、↓）或用鼠标进行视野的移动，确定取像位置。

⑥ 依次单击“实时显示”→“采集图像”→“设置模板”按钮，随后在图像区域会出现一个绿色的方框，如图 5-25

所示。

⑦ 利用鼠标左键和鼠标滑动键可随意设定模板范围。

⑧ 单击“定制模板”按钮，开始定制模板，如图 5-26 所示。

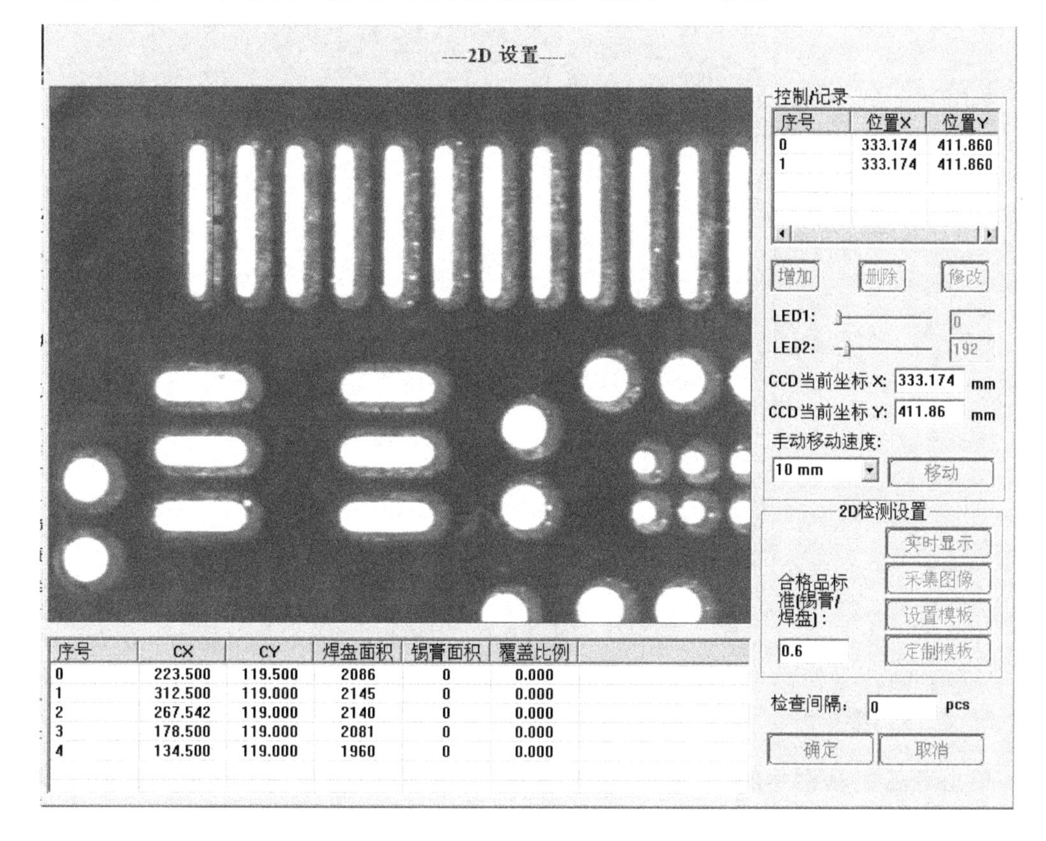

图 5-26　定制模板

⑨ 若需要多组数据，则再单击“增加”按钮，此软件最多支持 10 组数据。

⑩ 在检查间隔栏中输入间隔的 PCB 数量，生产过程中就不会逐一进行 2D 检查，而是根据设定的间隔数进行检查。

⑪ 单击“确定”按钮，模板定制完成，返回“数据录入第 2 页”对话框；单击“取消”按钮，则模板定制取消。

⑫ 以上操作完成后，单击“数据录入第 2 页”对话框下方的“确认”按钮，弹出“是否要平台回位或松板”提示框，如选择“否（N）”将直接进入生产，如选择“是（Y）”则回到主窗口界面，Z 轴回到原点位置，等待下一步操作。

4. 生产设置

单击开始工具栏中的“生产设置”按钮，弹出“生产设置”对话框，用于快速改变运输、视觉检查、清洗、印刷、检测等生产设置及其他设置（如门开关感应器的设置等）。同时可对工作台升降误差及刮刀行程误差进行补偿。“生产设置”对话框如图 5-27 所示。

生产设置

生产设置

- [ ] 检查校正结果
- [x] 图像显示
- [x] 清洗
- [x] 印刷
- [ ] 模拟生产
- [x] 显示调节窗口
- [ ] 生成SPC数据

其它设置

- [x] 使用蜂鸣器开关
- [ ] 门开关传感器
- [ ] 使用转纸传感器开关
- [ ] 使用清洗剂传感器开关
- [ ] 导轨上压片上压印刷
- [ ] 导轨上压片收回印刷
- [ ] 使用吸板真空

升降误差补偿和印刷误差补偿

X 补偿:	0.000	mm	Y1往前补偿:	0.000	mm
Y1 补偿:	0.000	mm	Y2往前补偿:	0.000	mm
Y2 补偿:	0.000	mm	Y1往后补偿:	0.000	mm
往前刮补偿:	0.000	mm	Y2往后补偿:	0.000	mm
往后刮补偿:	0.000	mm	导轨夹紧量:	1	mm
逆时针补偿:	0.000	mm	顺时针补偿:	0.000	mm

图像参数调整

选择模板: PCB MARK1　　缩放最小比例: 0.93

缩放最大比例: 1.1

LED1亮度:　　定位最低分数(0~100): 60

LED2亮度:　　2D检测间隔: 0

确定(O)　　取消(C)

图 5-27 “生产设置”对话框

5. 机器归零

单击开始工具栏中的“机器归零”按钮，在主窗口将弹出“现在进行归零操作吗？”对话框，选择“否”，机器仍回到主窗口界面；选择“是”，弹出“机器归零”对话框，如图 5-28 所示。

单击“开始归零”按钮，机器进行归零操作，在主窗口的右上角出现“当前位置”对话框，显示各运动轴当前的坐标值，未完成归零操作，单击“退出”按钮，此时机器上的一些功能不可用，如图 5-29 所示。

图 5-28 “机器归零”对话框

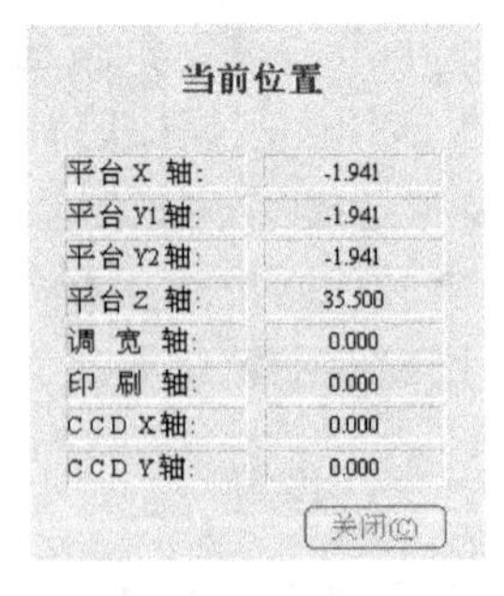

图 5-29 “当前位置”对话框

待机器归零操作完成后，单击“退出”按钮，显示主窗口，此时激活了工具栏中的各项操作按钮。

6. PCB 运输

（1）在开始工具栏中单击“PCB 运输”按钮，出现“过板”对话框，其作用是只作过板操作，不进行印刷或检查功能，如图 5-30 所示。

（2）可设定过板数量，单击“开始过板”按钮，运输系统工作，每过一块板，“过板”对话框将显示已过板数量；单击“重设过板”按钮，已过板数量清零，可再次输入过板数量；单击“退出”按钮，回到主窗口界面。

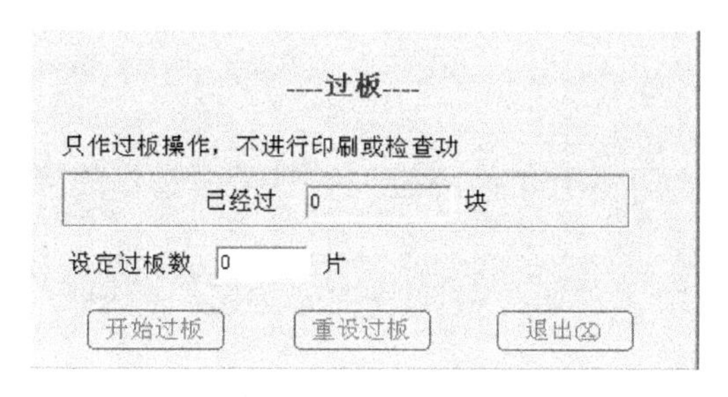

图 5-30 “过板”对话框

7. 复位

当机器出现故障或按下紧急制动器时，屏幕显示“报警”对话框，如图 5-31 所示，同时蜂鸣器报警，此时可进行以下操作。

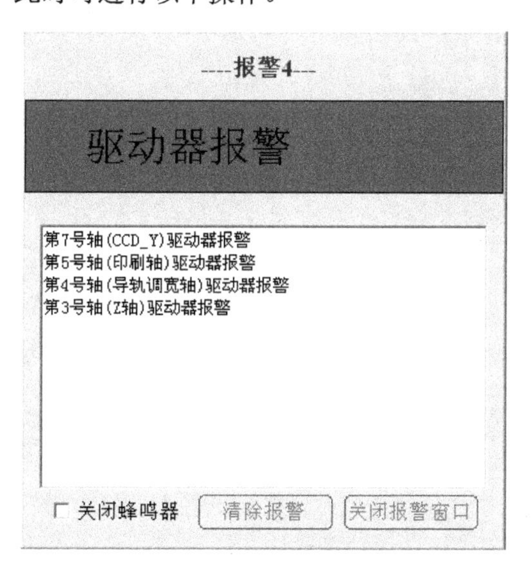

图 5-31 “报警”对话框

（1）勾选“关闭蜂鸣器”选项，蜂鸣器停止鸣叫。

（2）排除故障后，单击“关闭报警窗口”或“清除报警”按钮，回到主窗口界画。

（3）此时多项操作按钮被关闭，只有单击开始工具栏上的“复位”按钮，激活工具栏中的各项操作按钮，才能进行操作。

☆注意

如果故障原因没有排除而只是单击“关闭报警窗口”或“清除报警”按钮，待“复位”后重新进行操作时，机器仍然会发生报警。

8. 关闭蜂鸣器

当机器在生产过程中出现报警时，三色灯的红灯闪烁，蜂鸣器鸣叫。此时可单击开始工具栏中的“关闭蜂鸣器”按钮，将蜂鸣器关闭。

9. 故障查询

当机器发生故障时，可打开“故障查询”对话框查找故障原因并排除。操作步骤如下。

（1）在开始工具栏中，单击“故障查询”按钮，弹出“故障查询”对话框，如图 5-32 所示。

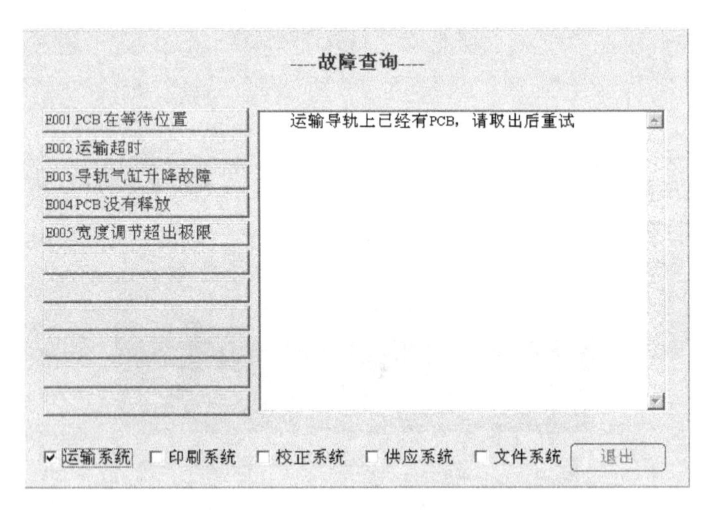

图 5-32 “故障查询”对话框

（2）在对话框中选择“运输系统”“印刷系统”“校正系统”“供应系统”“文件系统”复选框，可分别查询以上各系统的常见故障。

（3）鼠标在“故障查询”对话框左侧的导航条上移动，在右侧会输出故障发生的原因。

（4）单击“退出”按钮，回到主窗口界面。

10. 报警记录

当机器出现故障蜂鸣器响、红灯亮时，系统将自动诊断故障原因并记录下报警时间和故障原因。在开始工具栏上单击“报警记录”按钮，出现“报警记录”对话框，如图 5-33 所示，显示当时和以往的报警记录。

拖动鼠标左键选中某项报警记录，单击“清除”按钮，清除此项报警记录；单击“退出”按钮，回到主窗口界面。

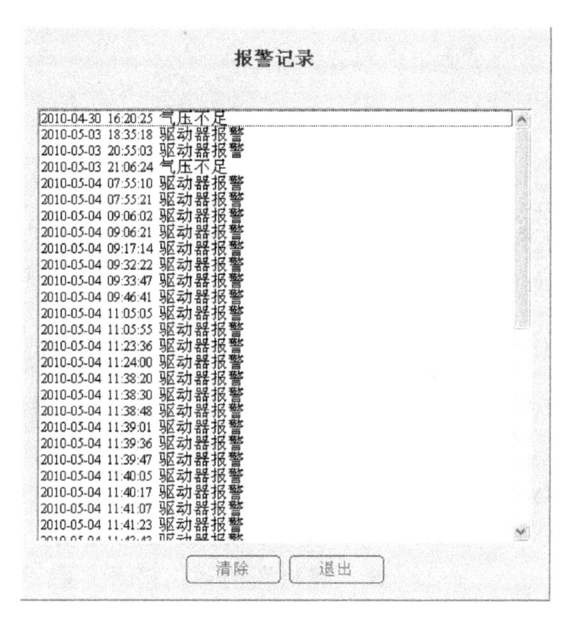

图 5-33 “报警记录”对话框

11. 生产报表

生产报表显示已进行的有关生产记录，并可记录下相应产品的概况。操作步骤如下。

在开始工具栏中单击“生产报表”按钮，出现“生产报表”对话框。显示成功生产数量、检测坏板数量、清洗次数、报警次数、开始生产和停止生产的时间等。还可对产品概况进行描述。单击“退出”按钮，回到主窗口界面，如图 5-34 所示。

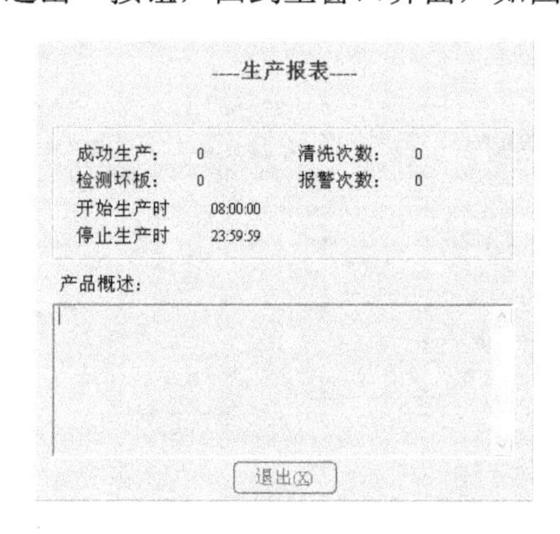

图 5-34 “生产报表”对话框

12. 建立 SPC

建立 SPC 的作用是检测自身能力指数。需要使用此功能时，必须由原厂售后携带密匙前往现场制作。

13. 标定

标定功能暂不开放。

14. 手动清洗

（1）单击开始工具栏上的“手动清洗”按钮，弹出“手动清洗”对话框，如图 5-35 所示。

在弹出“手动清洗”对话框的同时，蜂鸣器响，此时需要单击“关闭报警”按钮，将蜂鸣器关闭。在此对话框上可以查看钢网的定位位置，也可以进行钢网的装卸。

（2）手动清洗的方法。在“手动清洗”对话框中单击“CCD 回位”按钮，使 CCD 回到原点位置，将机器前罩门打开。此时可将手伸到网板下进行手动清洗网板操作。

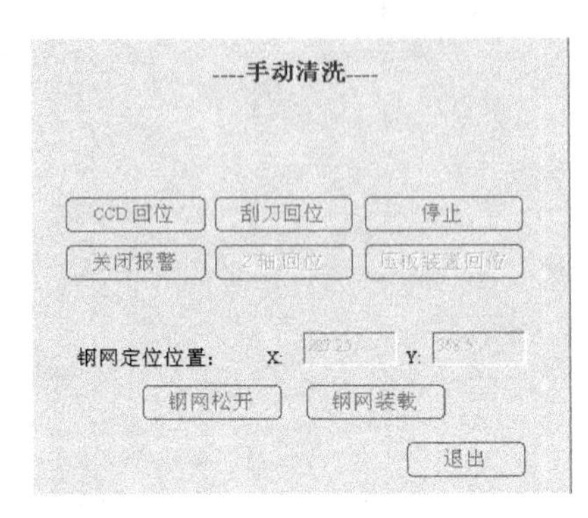

图 5-35 “手动清洗”对话框

15. 机器参数

单击开始工具栏上的“机器参数”按钮，弹出“机器参数”设置窗口，“机器参数 1”对话框如图 5-36 所示。

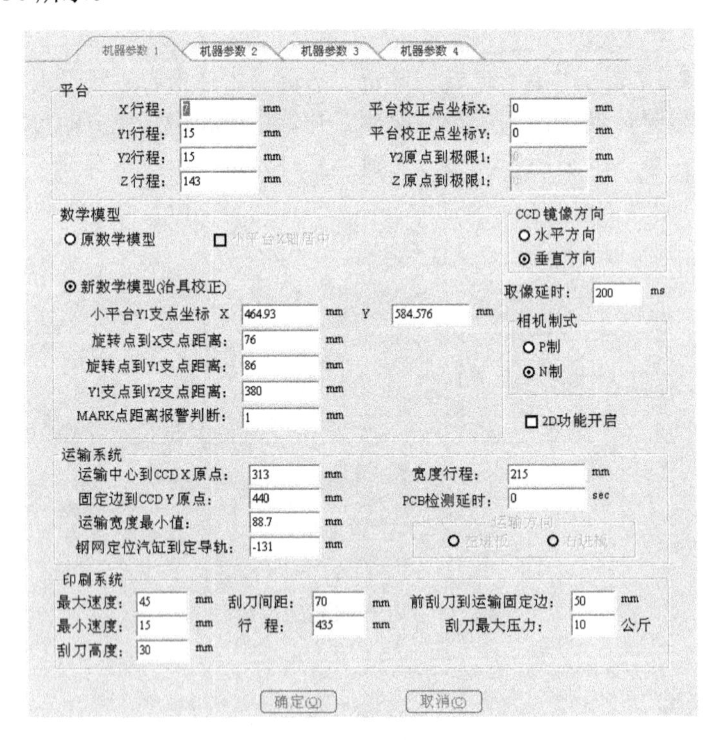

图 5-36 “机器参数 1”对话框

（1）在“机器参数 1”对话框可设定平台、运输系统、印刷系统的有关参数及开

启 2D 检测功能。

（2）正确设定后，单击“机器参数 2”标签，弹出“机器参数 2”对话框，如图 5-37 所示。

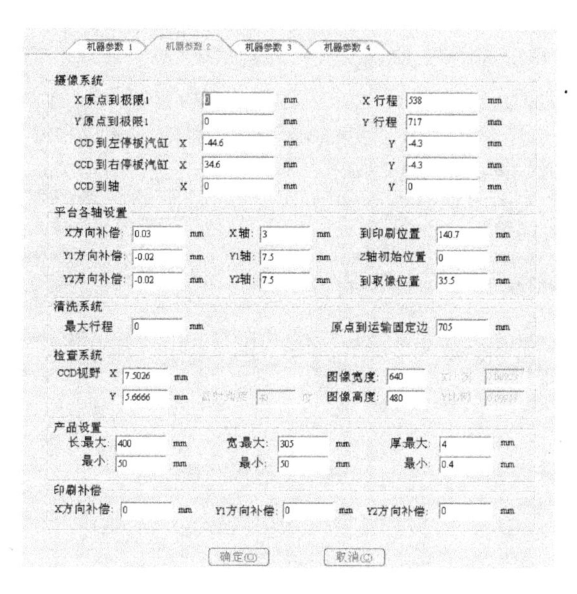

图 5-37 “机器参数 2”对话框

（3）在“机器参数 2”对话框中，可设定摄像系统、平台各轴、清洗系统、检查系统、产品、印刷补偿等有关参数。

（4）正确设定后，单击“机器参数 3”标签，弹出“机器参数 3”对话框，如图 5-38 所示。

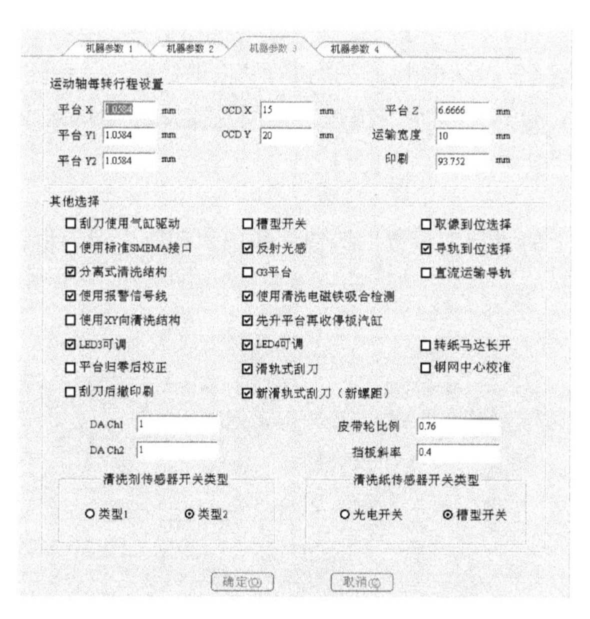

图 5-38 “机器参数 3”对话框

（5）在“机器参数 3”对话框中，可以设定运动轴每转的行程参数和其他参数。

（6）正确设定后，单击“机器参数 4”标签，弹出“机器参数 4”对话框，如图 5-39 所示。

图 5-39 “机器参数 4”对话框

（7）在“机器参数 4”对话框中，可以进行速度曲线和马达每转步数等参数的设置。

（8）正确设定后，单击“确定”按钮，返回主窗口界面，完成机器参数设置。

16. 刮刀设置

单击开始工具栏上的“刮刀设置”按钮，弹出“印刷”对话框，如图 5-40 所示。

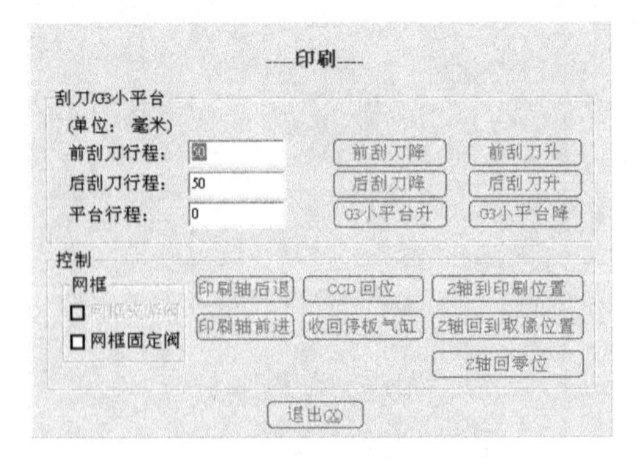

图 5-40 “印刷”对话框

（1）可以设置前后刮刀及平台的行程，并对前后刮刀及小平台进行升降操作设置。

（2）可以控制印刷轴的前进、后退、CCD 的回位、停板汽缸的收回及 Z 轴的运动。

（3）单击“退出”按钮，返回主窗口界面。

17. 生产界面

当机器正在生产时，其显示界面如图 5-41 所示。

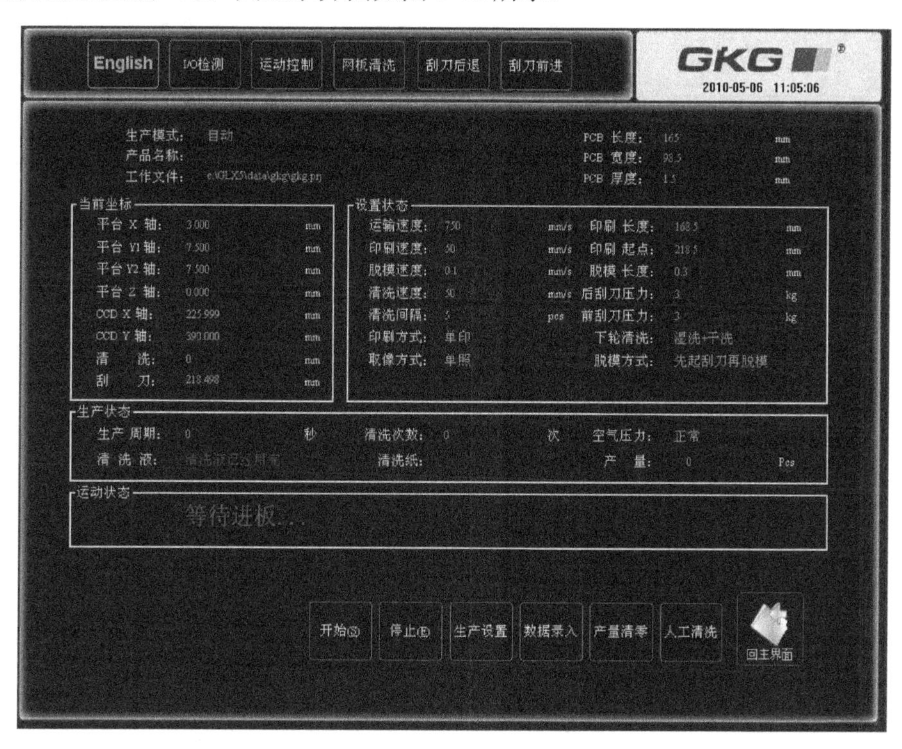

图 5-41　生产界面

生产界面上显示了生产模式、PCB 信息、文件保存路径、当前坐标、设置状态、生产状态及运动状态等信息。

（1）单击界面上的“产量清零”按钮，使得生产状态下的“产量栏”显示为 0。

（2）在生产过程中，按下机器上的“开始/暂停”按钮（即三色按钮中的黄色按钮），机器暂停，“生产设置”“数据录入”“人工清洗”按钮可用。

① 单击“生产设置”按钮，弹出“生产设置”对话框，如图 5-27 所示。

② 单击“数据录入”按钮，弹出“数据录入第一页”对话框，如图 5-17 所示。

③ 单击“人工清洗”按钮，弹出“手动清洗”对话框，如图 5-35 所示。

（3）在生产过程中，单击生产界面上的“停止”按钮，界面会显示“是否需要退出生产”等提示，按照向导完成停止生产操作，返回主窗口界面。

（4）单击生产界面上的“回主界面”按钮，返回主窗口界面。

如果在“生产设置”界面上选中了“2D 检测”命令，待机器的运动状态为“2D 检测”时，在生产界面会弹出“2D 检测结果”对话框，如图 5-42 所示。该功能用于检查印刷质量。在印刷完毕后，机器进行 2D 检测，并在界面上显示是否通过检测。被绿色图框罩住的模板，表示检验通过；被红色图框罩住的模板，表示印刷效果不理想；被蓝色图框罩住的模板，标记当前选中的模板。

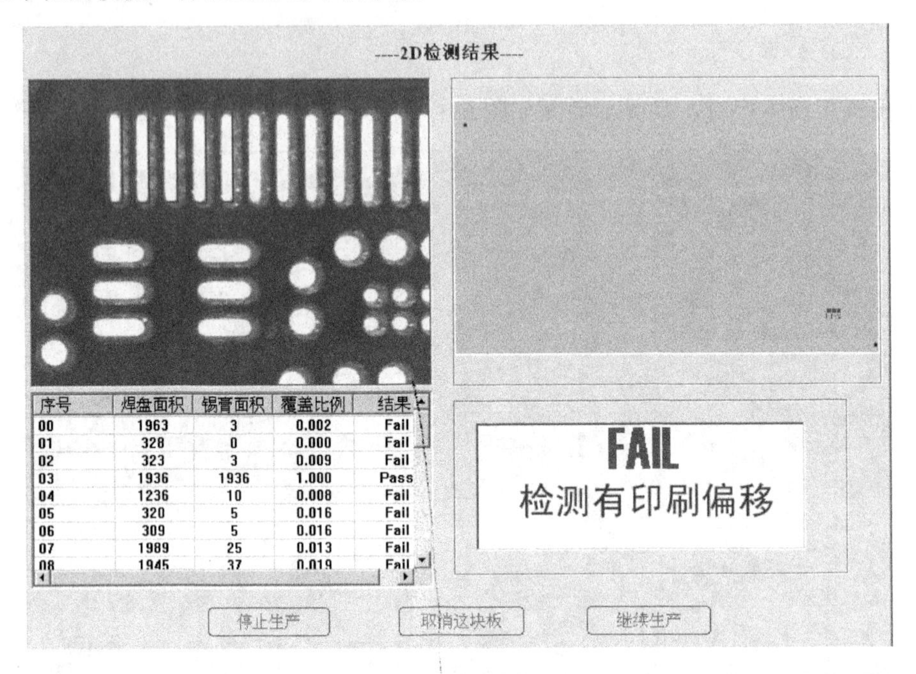

图 5-42 “2D 检测结果”对话框

如果在“生产设置”界面上选中了“显示调节窗口”命令，待机器的运动状态为“偏移量调节”时，在生产界面右上角会弹出“偏移调校”对话框，如图 5-43 所示。通过移动平台，可使 PCB 和网板对得更准。

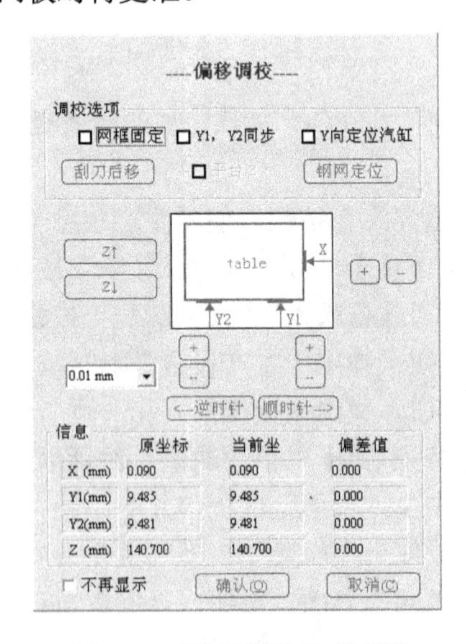

图 5-43 “偏移调校”对话框

如果在“生产设置”界面上选中了“2D 检测”与“显示 2D 调节窗口”命令，待机器的运动状态为“2D 检测”时，在生产界面会弹出“2D 偏移调校”对话框，如图 5-44 所示。通过移动平台，可使印刷精度更高，质量更好。

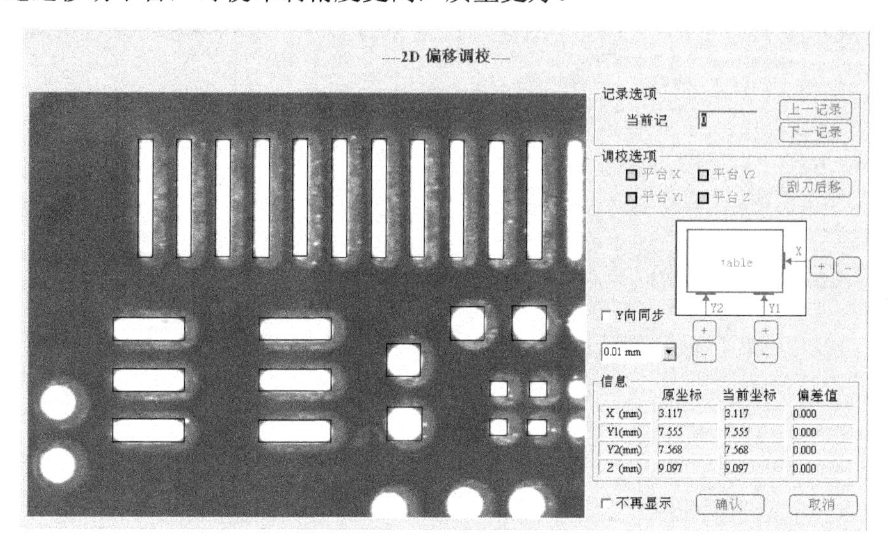

图 5-44　“2D 偏移调校”对话框

18. 退出

（1）单击开始工具栏上的“退出”按钮，弹出“退出 GLX5”对话框，如图 5-45 所示。

（2）在“请确认是否要退出 GLX5 系统”的提问下，单击“否（N）”按钮，仍回到主窗口界面；以原厂售后的权限单击“是（Y）”按钮，退回到 Windows 状态，以其他三种权限单击“是（Y）”按钮，弹出“退出 GKG 程序的同时将退出 WINDOWS 系统，是否继续？”提示框，如图 5-46 所示。

图 5-45　“退出 GLX5”对话框

图 5-46　“退出 WINDOWS”对话框

（3）在“退出 GKG 程序的同时将退出 WINDOWS 系统，是否继续？”提示框下，单击“否（N）”按钮，仍回到主窗口界面；单击“是（Y）”按钮，则退出 GKG 程序的同时关闭 WINDOWS 系统。

（二）菜单工具栏

单击主菜单栏中的“菜单”命令，出现菜单工具栏，如图 5-47 所示，分为“文件”

“操作”“设置”“查看”“权限管理”5 大类。

1. 文件

单击菜单工具栏上的“文件”图标，在主窗口显示“文件菜单”界面，如图 5-48 所示。

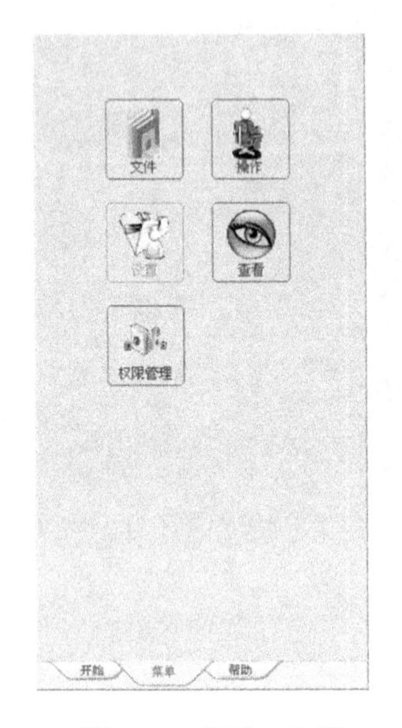

图 5-47　菜单工具栏

图 5-48　“文件菜单”界面

（1）单击“打开工程”按钮，弹出“调用程序”对话框，如图 5-16 所示。

（2）单击“保存”按钮，保存印刷机印刷参数设置，以便下次操作时调用。

（3）在当前文件不为空的前提下，单击“另存为”按钮，弹出“创建新目录”对话框，如图 5-15 所示，在文件目录栏输入正确的工程名，单击“确认”按钮，完成“另存为”操作；单击“取消”按钮，取消“另存为”操作。不管“另存为”是否成功，程序打开的文件仍为原工程文件。

（4）单击“返回”按钮，退出“文件菜单”界面，返回到菜单工具栏。

图 5-49　“操作菜单”界面

2. 操作

单击菜单工具栏上的“操作”图标，在主窗口显示“操作菜单”界面，如图 5-49 所示。“操作菜单”界面分为 8 个部分，分别是“机器归零”“复位”“联机工作”“产量清零”“刮刀后退”“刮刀前进”“锡膏搅拌”和“返回”。

（1）单击“机器归零”按钮，弹出“机器归零”对话框，如图 5-28 所示。

（2）单击“复位”按钮，进行机器复位。

（3）单击“联机工作”按钮或者勾选复选框，GKG 全自动印刷机将向送板机发送要板和送板信息。

（4）单击“产量清零”按钮，弹出“要将产量清零吗？”提示框，单击“确认”按钮，将以前的印刷数量清除掉，单击“取消”按钮则不清零。

（5）单击“刮刀后退”与“刮刀前进”按钮，可完成刮刀移动动作。

（6）单击“锡膏搅拌”按钮，弹出“锡膏搅拌”对话框，如图 5-50 所示。可根据实际情况，选择锡膏的堆放位置，并对搅拌长度、搅拌次数进行设置，单击“开始搅拌”按钮，完成锡膏搅拌动作；单击“关闭”按钮，关闭对话框。

（7）单击“返回”按钮，退出“操作菜单”界面，返回到菜单工具栏。

3. 查看

单击菜单工具栏上的“查看”图标，在主窗口显示“查看菜单”界面，如图 5-51 所示。“查看菜单”界面分为 6 个部分，分别是“生产报表”“历史记录”“报警记录”“操作日志”“当前位置”和“返回”。

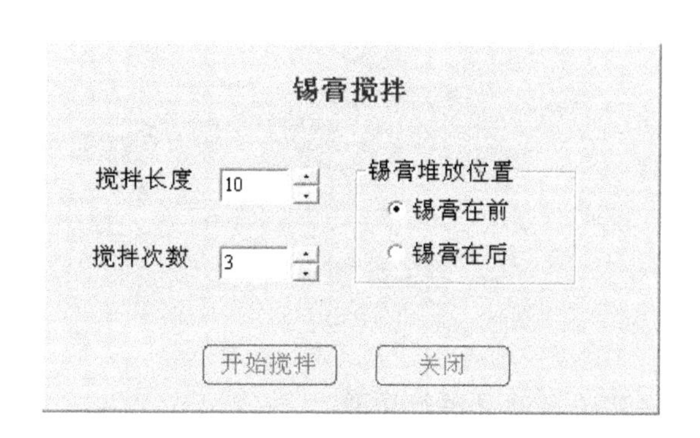

图 5-50 “锡膏搅拌”对话框

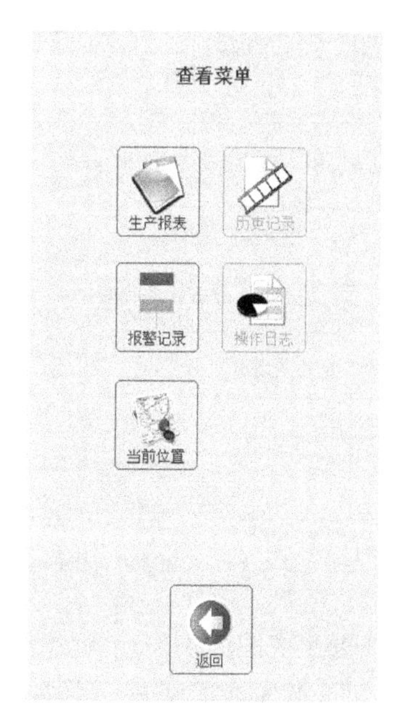

图 5-51 “查看菜单”界面

（1）单击“生产报表”按钮，弹出“生产报表”对话框，如图 5-34 所示。

（2）单击“报警记录”按钮，弹出“报警记录”对话框，如图 5-33 所示。

（3）单击“当前位置”按钮，弹出“当前位置”对话框，如图 5-29 所示。

（4）单击“返回”按钮，退出“查看菜单”界面，返回到菜单工具栏。

4. 权限管理

单击菜单工具栏上的“权限管理”图标，在主窗口显示“权限管理”界面，如图 5-52 所示。它包含 4 个权限，即“操作员”“技术员”“工程师”和“原厂售后”。

（1）操作员。只能对生产操作、手动清洗、归零、复位进行操作。

（2）技术员。可以对除了机器参数 1～4、刮刀参数、SPC 工具、钢网自动校正以外的参数进行修改和操作。

（3）工程师。可以对除了机器参数 1～2 以外的参数进行修改和操作。

（4）原厂售后。拥有最高的操作权限，可以对所有参数进行修改和操作。

选择除操作员以外的权限人后单击“启用权限”按钮，弹出“密码”对话框，提示输入密码。输入正确的密码后，单击“确认”按钮，启用对应的权限，如图 5-53 所示。

选择除操作员以外的权限人后单击“修改密码”按钮，弹出“密码设置”对话框，提示修改密码，如图 5-54 所示。

图 5-52 “权限管理”界面

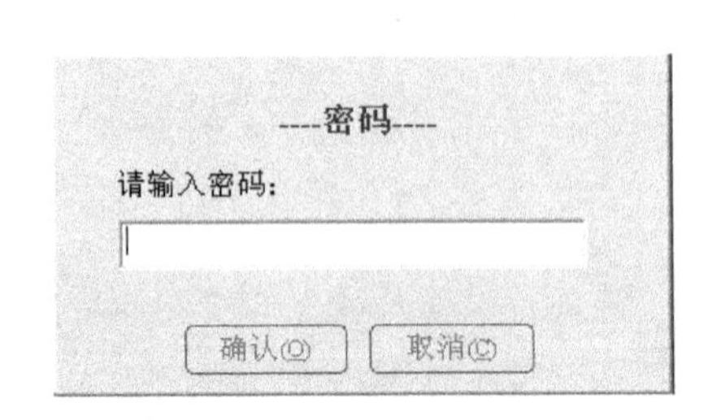

图 5-53 “密码”对话框

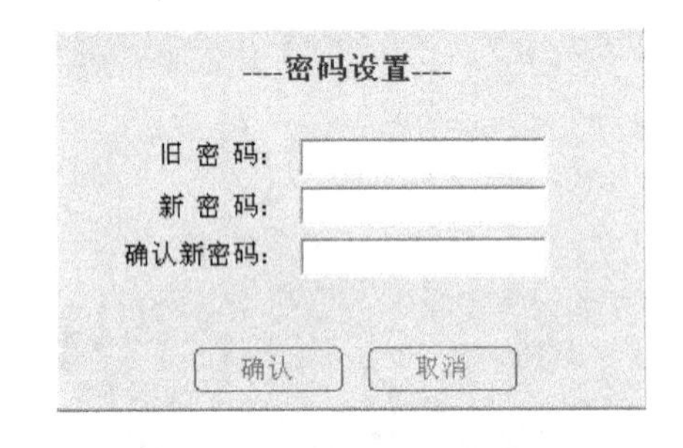

图 5-54 “密码设置”对话框

更改密码的操作步骤如下。

① 首先在旧密码一栏中输入正确的原密码，然后进行校验。

② 校验正确后输入新密码。

③ 确认新密码正确后，单击“确认”按钮可完成密码更改；单击“取消”按钮可取消此次密码更改，仍使用前次设置的旧密码。

（5）单击“返回”按钮，退出“权限管理”界面，返回到菜单工具栏。

（三）帮助工具栏

单击主菜单栏中的“帮助”命令，出现帮助工具栏，如图 5-55 所示，分为“故障查询”“软件注册”和“版本信息”3 大块。

1. 故障查询

单击帮助工具栏上的“故障查询”图标，弹出“故障查询”对话框，如图 5-32 所示。

2. 软件注册

单击帮助工具栏上的“软件注册”按钮，弹出“软件注册”对话框，如图 5-56 所示。

图 5-55　帮助工具栏

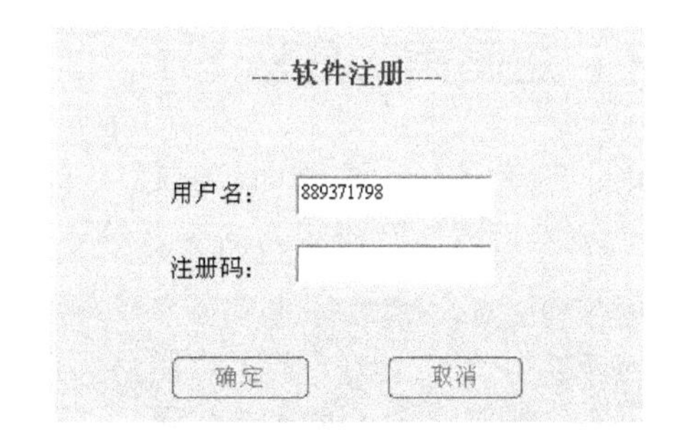

图 5-56　“软件注册”对话框

在使用过程中，如果软件运行时弹出“有使用期限的试用版本，请及时联系厂商购买正式版本”或者“试用版已到期，请联系购买一个正版使用”的提示，应立即与厂商联系，索取本机软件注册码，并且打开“软件注册”对话框，在“注册码”一栏输入正确的注册码，单击“确定”按钮即可。

3. 版本信息

单击帮助工具栏上的“版本信息”按钮，弹出“关于 GKG”对话框，如图 5-57 所示。

（1）此对话框可以了解 GKG 软件的版权、版号和使用限制。

（2）单击“确定”按钮，回到主窗口界面。

图 5-57 “关于 GKG”对话框

任务二 熟悉全自动印刷机编程工具栏

一、主画面工具栏 1

如图 5-58 所示，主画面工具栏 1 包括“语言转换”“I/O 检测”“运动控制”“网板清洗”“刮刀后退”及“刮刀前进”等 6 个常用项目的快捷按钮。

图 5-58 主画面工具栏 1

1. 语言转换

在英文操作系统下，界面显示默认为英文；在中文操作系统下，界面显示默认为中文。如需更改默认的语言，单击主画面工具栏 1 中的第一个按钮，可进行语言的转换。

2. I/O 检测

I/O 检测的作用是对所有控制系统输入点、输出点进行检测，判断工作是否正常。操作程序如下。

（1）单击主画面工具栏 1 中的“I/O 检测”按钮，显示“输入输出检测”对话框，如图 5-59 所示。

（2）若对话框中各项输入前的方框显示为红色，则表示当前已检测到该输入点的信号；如为白色，则表示当前没有检测到该输入点的信号。

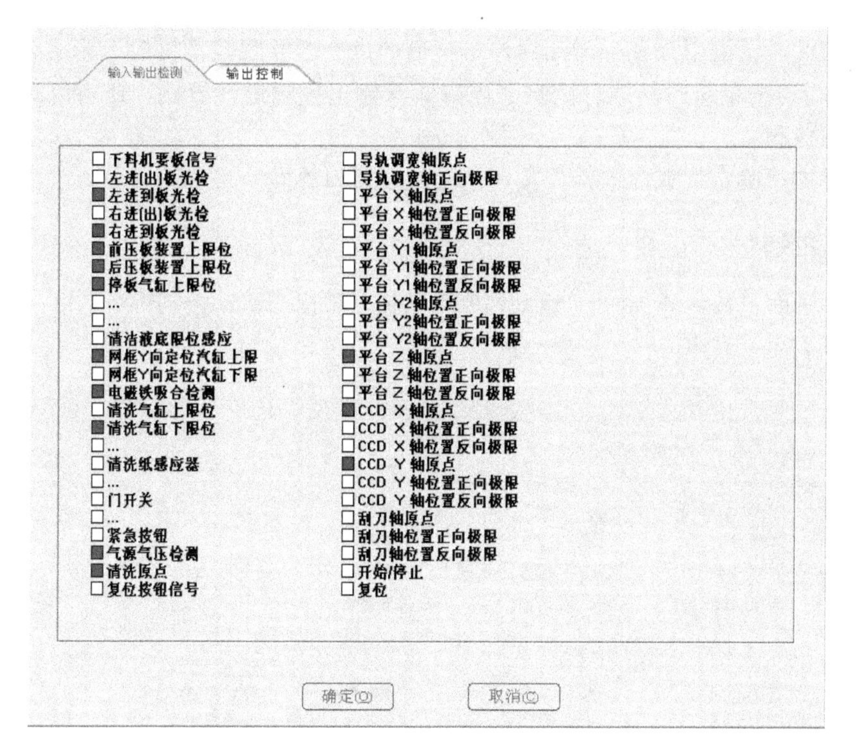

图 5-59 “输入输出检测”对话框

（3）单击图 5-59 所示对话框上方的“输出控制”标签，显示“输出控制”对话框，如图 5-60 所示。

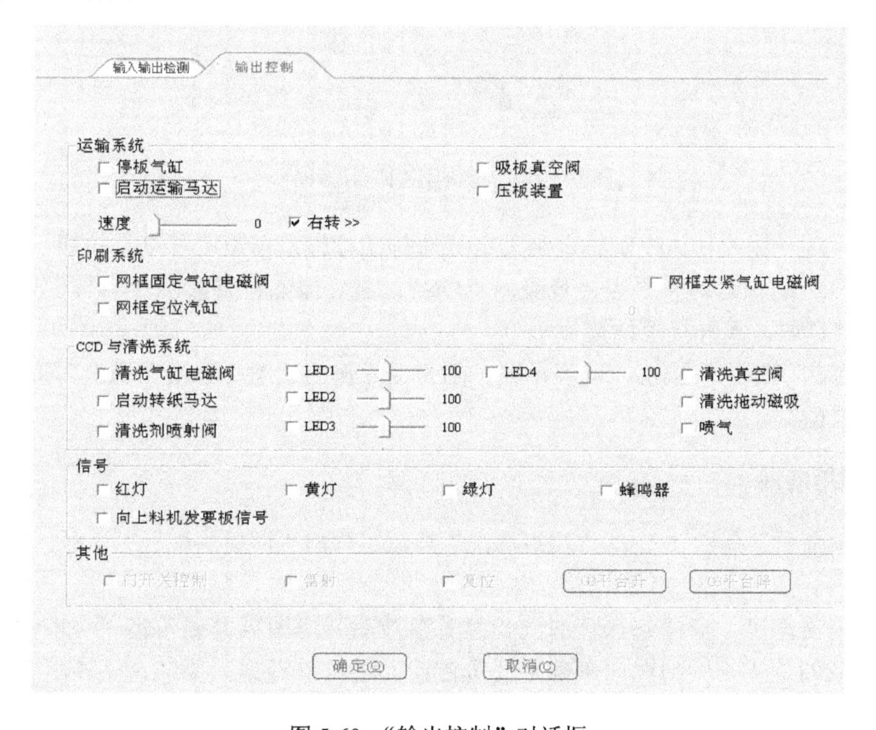

图 5-60 “输出控制”对话框

（4）在此对话框中，逐一激活白色方框后的每一项并观察，可对运输系统、印刷系统、CCD 与清洗系统的马达、汽缸、电磁阀等输出控制进行检测，还可以对报警信号的输出进行检测。

（5）单击“确定”或“取消”按钮，回到主窗口界面。

3. 运动控制

单击主画面工具栏 1 中的“运动控制”按钮，弹出“运动控制”对话框，如图 5-61 所示。

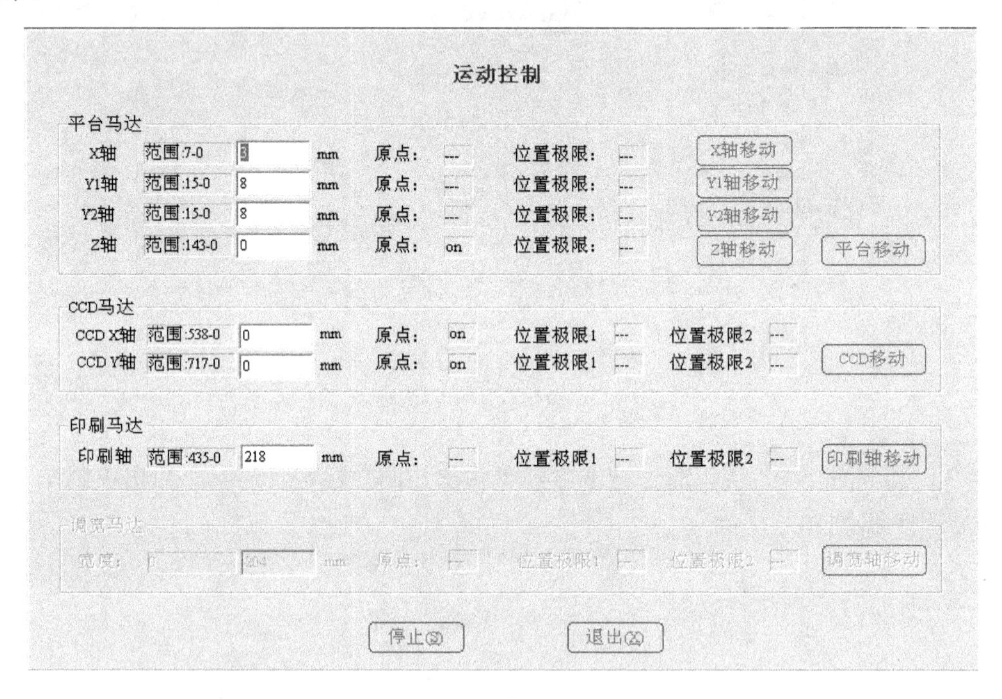

图 5-61 “运动控制”对话框

（1）可逐一输入马达控制轴、刮刀或导轨等的行程，单击“移动”按钮，可使轴、刮刀或导轨运动。运动到原点位置显示“ON”，离开原点位置显示“---”；运动到极限位置显示“ON”，离开极限位置显示“---”。

（2）单击“停止”按钮，可停止轴、刮刀或导轨的运动；单击“退出”按钮，可回到主窗口界面。

4. 网板清洗

单击主画面工具栏 1 中的“网板清洗”按钮，弹出“网板清洗”对话框，如图 5-62 所示。

输入清洗速度、清洗起点、清洗长度等参数后，可根据需要单击“往前清洗”“往后清洗”或勾选“来回清洗”来确定清洗方向。还可以根据需要勾选“转纸”“喷洒清洗液”“提升”“真空吸”等项目，进行清洗。

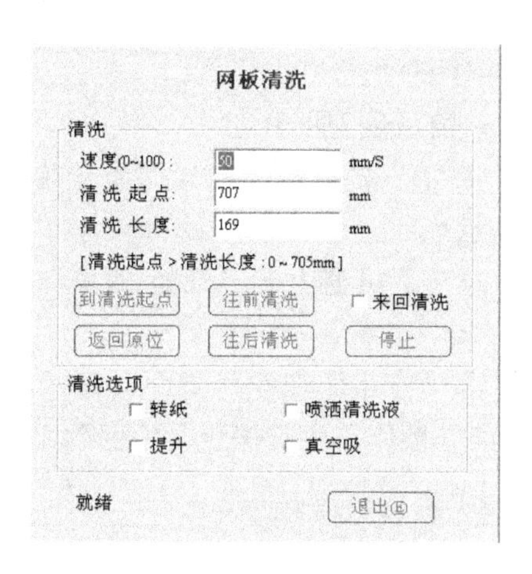

图 5-62 “网板清洗”对话框

单击“退出”按钮可停止清洗，回到主窗口界面。

5. 刮刀运动

单击主画面工具栏 1 中的“刮刀后退”“刮刀前进”按钮，可以向前、向后移动印刷轴，方便用户使用。

二、主画面工具栏 2

如图 5-63 所示，主画面工具栏 2 包括“开始”“暂停”“停止”常用项目的快捷按钮。

图 5-63　主画面工具栏 2

（1）打开已经设置好的工程文件，单击“开始”按钮，显示“是否装载钢网？”对话框，如图 5-64 所示。

（2）单击图 5-64 对话框上的“是（Y）”按钮，将出现“手动清洗”对话框，可进行钢网的装载，如图 5-35 所示；单击“否（N）”按钮，将出现“是否要添置锡膏？”对话框，如图 5-65 所示。

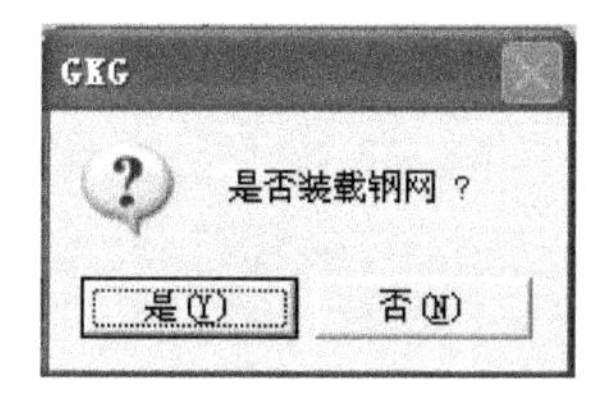

图 5-64 “是否装载钢网？”对话框

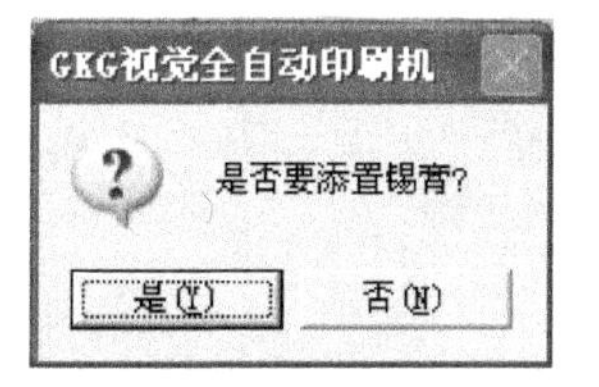

图 5-65 “是否要添置锡膏”对话框

（3）单击图 5-65 对话框上的“是（Y）”按钮，前后刮刀升起，此时用户可以添置锡膏；单击“否（N）”按钮，前后刮刀不升起。

（4）检查导轨上是否有 PCB，根据操作向导完成开始前的准备工作后，主窗口将显示生产界面，如图 5-41 所示。

（5）在机器开始生产后，按下机器上的“开始\暂停”按钮，可以实现机器运行和暂停转换操作。

（6）在生产过程中，单击“停止”按钮，界面会显示“是否需要退出生产”等提示，按照向导完成“停止生产”操作，生产停止，返回到主窗口界面。

三、时间显示栏

用于显示当前系统时间及 GKG 标志，如图 5-66 所示。

图 5-66 时间显示栏

四、状态栏

用于显示当前采用的权限等级、生产状态及打开的当前工程文件，如图 5-67 所示。

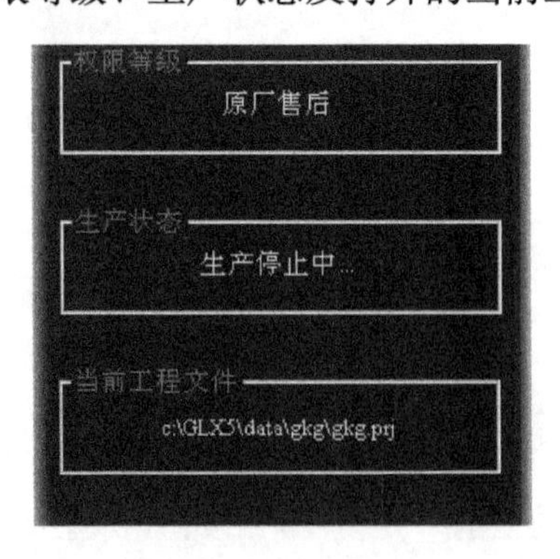

图 5-67 状态栏

项目六

全自动印刷机的维护与保养

工作任务　对 GKG G5 印刷机进行保养

1. 任务描述

在 GKG G5 印刷机进行了长时间的印刷生产后，为保证印刷品质，需要按保养步骤对网框及清洗部分、刮刀系统、印刷工作平台、CCD 和 X 横梁、气路系统、丝杆、导轨等进行清洗、润滑检查等维护保养作业。

2. 工作场景

GKG G5 锡膏印刷机工作车间，GKG265/445/45 清洗纸、Shell Grease EP No.2 油脂、酒精、检查工具及损坏配件。

任务一　典型全自动印刷机的保养

一、注意事项

一台好的设备只有得到恰当地维护与保养，才能更好地发挥它的功能，缩短工作周期，减少人力、物力，延长使用寿命。为了提高 GKG 印刷机的印刷品质，延长其使用寿命，须遵循本项目中的注意事项及维护保养准则。

制定设备日常和定期维护保养制度，并由熟悉设备的有资格的人员进行维护保养。维护应该以八小时一班为一个循环。如果环境温度或 PCB 的要求较高，为免落尘埃，更短的维护周期也是必不可少的。

☆注意

（1）只有接受过专门培训的、熟悉所有安全检查规则的人员才有资格维护保养机器。

（2）粗布和未经指定的清洁液可能损伤、污染机器工作台面和元件塑胶表面，只能使用指定的棉布或纱布（不起毛）和清洁液来清洁机器，特别是丝杆、导轨及电动机主轴等精密标准件。当以酒精作为清洁液擦拭机台时，用后应立即将机器零部件表面及印刷台面的酒精遗留物擦去，以免损坏机器。

（3）使用润滑剂时，用户应检查其性能，以免影响润滑效果，导轨、丝杆、轴承等处应使用推荐的油脂。如机器在特殊条件下工作，须与生产厂家商议使用何种润滑剂。绝不能随便使用普通油脂，以免对精密件产生损坏。

警告：

（1）酒精是易燃物，用其清洁机器时应极其小心慎重，不许与其他物质混合，以免导致人身伤害和机器损坏。

（2）维护和维修前一定要切断机器的主电源开关。

（3）在安全装置不能正常工作时，不允许开机。

（4）操作员不允许穿便服操作机器，处理焊锡膏时一定要戴防护手套。

（5）在开机之前，应检查机器是否有损坏，内部是否有工具，零件是否有松动，以免阻碍机器的运行或引起事故。

二、设备日常维护检查项目及检查周期

设备日常维护检查项目及检查周期见表6-1。

表6-1　设备日常维护检查项目及检查周期

检查项目			检查周期		
机器部位	零　件	检查维护内容	每　日	每　周	每　月
工作台	滚珠丝杆	清洁、注油润滑			√
	导轨	清洁、注油润滑			√
	工作台板	清洁		√	
	电缆	电缆包覆层有无损坏			√
刮刀	滚珠丝杆	清洁、注油润滑			√
	导轨	清洁、注油润滑			√
	皮带	张力及磨损情况			√
	电缆	电缆包覆层有无损坏			√
清洗装置	清洗纸	用完后更换	√		
	酒精	检查液位并加注酒精	√		
	酒精喷管	用钢丝疏通细小喷口		√	
	过滤管	打开过滤管，清理过滤网			√
视觉部分	滚珠丝杆	清洁、注油润滑			√
	导轨	清洁、注油润滑			√
	电缆	电缆包覆层有无损坏			√
网板	放置位置	正确、固定	√		
	顶面、底面	清洁及磨损	√		

续表

检查项目			检查周期		
机器部位	零　件	检查维护内容	每　日	每　周	每　月
PCB 运输部分	皮带	张紧是否适宜、有无滑脱			√
	停板汽缸	磨损情况			√
	工作台顶板阻挡螺钉	磨损情况	√		
空气压力	压力表	压力设置	√		
	空气过滤装置	清洁、正常工作			√
	所有气路	漏气情况			√
其 他	设备整体	清洁		√	

三、设备需要加油或油脂润滑部位

设备润滑油类型、加油方法和润滑周期见表 6-2。

表 6-2　设备润滑油类型、加油方法和润滑周期

部　位	零　件	润滑油类型	润 滑 方 法	润 滑 周 期
工作台、刮刀、视觉、清洗等	导轨滑块	推荐油脂	从油嘴处注射	每两月一次
	直线导轨	推荐油脂	喷洒	每两月一次
	滚珠丝杆	推荐油脂	从油嘴处注射	每月一次
PCB 运输部分	运输滚轮	机械油	注射	每月一次
	轴 承	机械油	注射	每月一次
	调宽导轨	推荐油脂	从油嘴处注射	每两月一次
	调宽丝杆	推荐油脂	从油嘴处注射	每两月一次

任务二　设备维护内容

一、网框及清洗部分

1. 网框固定部分

（1）检查钢网模板位置。

如图 6-1 所示为网框固定部分。

① 检查用于调节固定钢网模板大小位置的锁紧汽缸有无松动。

② 检查固定钢网模板的汽缸安装有无松动。

③ 用于进行钢网模板调节的前导轨与后导轴应该每隔一定周期进行清洁、润滑、清理工作。

④ 检查左右支板与平台的平行度及两支板是否等高。

（2）模板的清洁。

① 模板及周围的残留锡膏会影响焊接剂的粘贴、沉淀、厚度及印刷的品质，及时清洁模板是保证精确印刷的必要条件。模板每印刷一定数量的 PCB（根据使用情况而定，一般印刷 0.3mm 细间距的 PCB 每隔 1～3 块）后，均应进行一次清洗，以清除模板底部的附着物。如不及时进行清洗，模板窗口易被锡膏堵塞，影响印刷质量。

图 6-1　网框固定部分

② 清洗有自动干洗、湿洗、真空吸三种方式。清洗工具用擦拭卷纸，清洗液推荐使用工业酒精。

③ 自动清洗时根据塑料酒精壶内（位于机器前部的机架底部）液位感应开关显示清洗液的液位，当清洗液液位低于液位开关时，系统会发出报警并显示报警原因。此时应向酒精壶内加注工业酒精。方法如下。

- 打开机器前罩盖，断开感应器接头，取出并打开塑料酒精壶盖。
- 注入清洗液（工业用酒精）。
- 酒精壶被充满后，重新把盖子盖好，插好感应器接头，关闭前罩盖。

☆注意

① 选用清洗液时应注意其有关安全方面的信息及是否适用于所选择的锡膏。

② 清洗液不能含有杂质，已使用过的清洗液要过滤后再用，以免堵塞清洗酒精喷管的细小喷口。

2. 清洗部分

（1）酒精喷管的细小喷口极可能被清洗纸的毛纱堵住，从而喷不出酒精或是喷洒不均匀，达不到清洗干净的效果。当酒精喷管被堵住时，用细小的钢丝（直径为 ϕ0.28mm）轻轻导通即可，而后检查酒精是否喷射均匀。

（2）检查擦拭板是否与钢网完全平行接触。若不是完全平行接触，则应该调整。还须检查两汽缸运动是否正常、平衡、有无发卡现象，并做出相应调整。

（3）取出胶条，将胶条各真空管清洗干净。若胶条变形或老化，则应更换胶条。

为了更好地提高经济效益和清洗、印刷品质，许多客户会正反面使用清洗纸。GKG 公司建议清洗纸必须正反面各用一次后即要更换。否则，会由于清洗不干净而严重影响印刷品质。

（4）清洗用擦拭卷纸用完后应及时更换，更换方法如下。

① 将清洗装置移动到起点位置。

② 打开机器后盖，将已用过的脏卷纸从滚筒上取下，如图 6-2 所示。

③ 再将干净的清洗卷纸装到卷纸滚筒上。

④ GKG 印刷机使用的清洗卷纸牌号为：GKG265/445/45。

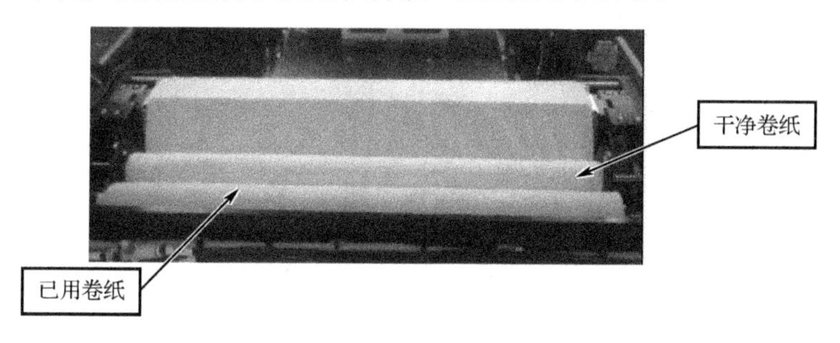

图 6-2 更换清洗卷纸

☆注意

① 模板窗口堵塞，千万不要用坚硬的金属针划捅，避免破坏窗口形状。应将模板取下，用塑料刷和酒精进行清洗，再用气枪将窗口吹干。备用的模板应有专门存放的地方，避免损坏。

② 模板上、下两面磨损到一定程度后会使印到 PCB 上的锡膏图形厚薄不均，此时应更换模板。

③ 每月应打开机器后下部罩盖，过滤管位于 Z 轴支座下部。把过滤管拆开，进行清理，清洁过滤网，如图 6-3 所示。

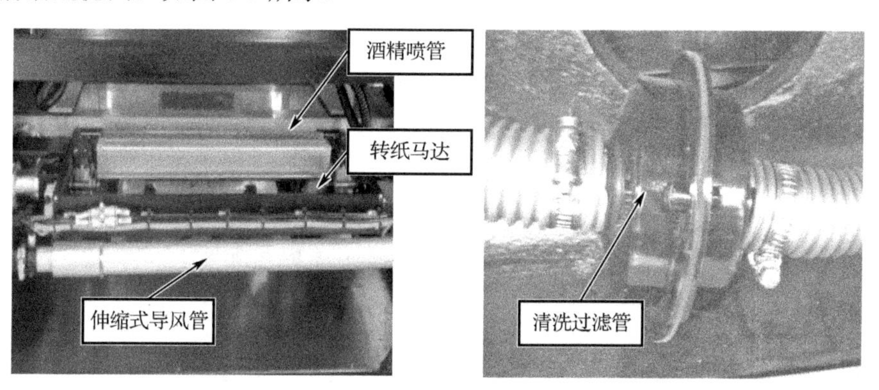

图 6-3 清洗部分

二、刮刀系统

1. 刮刀部分

刮刀部分的组成如图 6-4 所示。

（1）移动刮刀横梁到合适的位置，松开刮刀头上的螺钉 1，取下刮刀架。
（2）松开刮刀压板上的螺钉 2，取下刮刀片。
（3）用棉布蘸少许酒精，清洁刮刀压板和刮刀片。
（4）重新将刮刀压板及刮刀片装到刮刀头上。
（5）如刮刀片严重磨损或变形，则应更换，更换方法同上。

图 6-4　刮刀部分

2. 刮刀驱动部分

刮刀驱动部分的组成如图 6-5 所示。
（1）对丝杆和线性滑轨添加油润滑。
（2）取下刮刀盖板，检查驱动刮刀上下运动的同步带张力是否合适。
（3）检查用于驱动刮刀前后运动的同步带张力是否合适。
（4）稍微拧松同步带轮张紧座的连接螺栓，如图 6-6 所示。
（5）根据需要调节张紧座的位置。
（6）拧紧同步轮张紧座上的连接螺栓。
（7）检查感应电眼是否存在因有锡膏的沾污而不灵敏的现象。
（8）刮刀为 3kg 压力时，限位螺钉距离线性轴承座底约为 2mm。

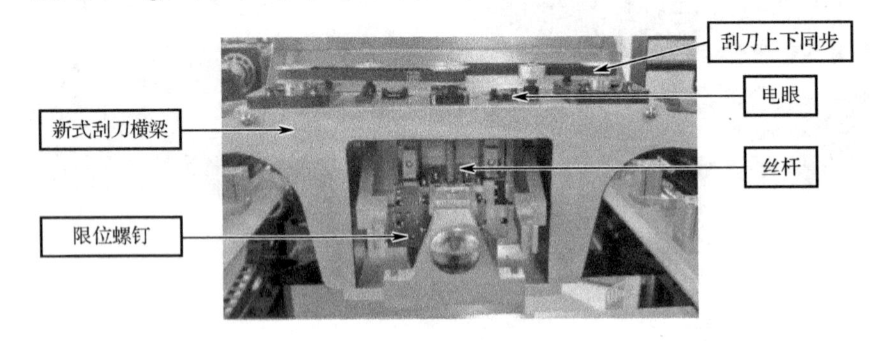

图 6-5　刮刀驱动部分

☆注意

① 调整时不能使同步带伸长变形。

② 同步带调整时应避免由张力引起的共振现象。

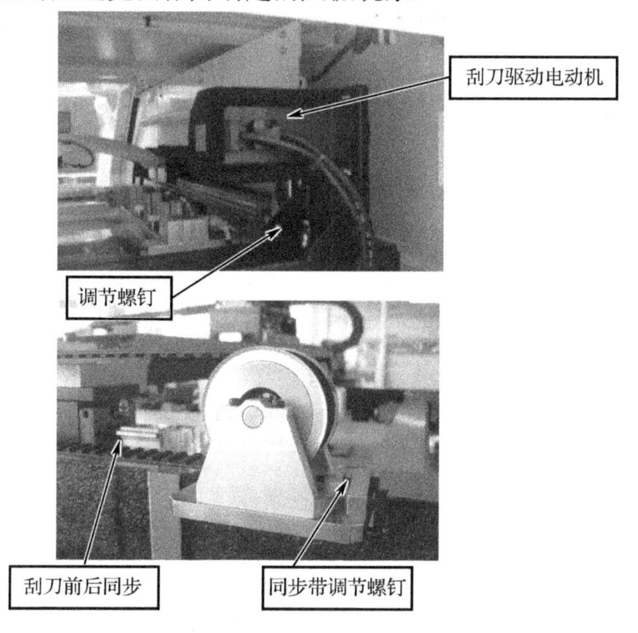

图 6-6 刮刀同步带松紧调节

三、印刷工作平台部分

1. 工作平台

印刷工作台及运输导轨如图 6-7 所示；印刷工作台驱动部分如图 6-8 所示。

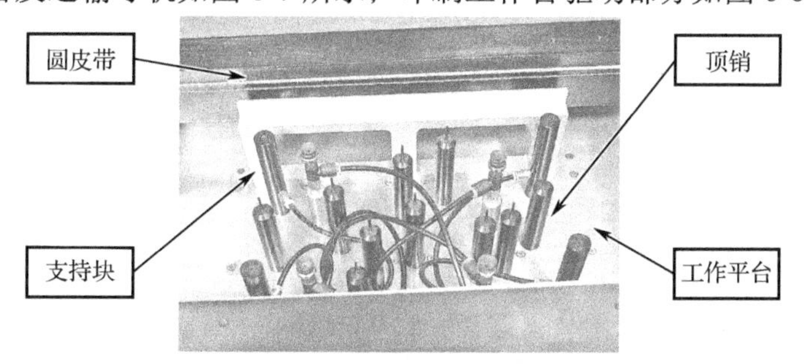

图 6-7 印刷工作台及运输导轨

图 6-8 印刷工作台驱动部分

（1）用干净的棉布蘸少许酒精对顶销、支持块、工作平台进行清洁。

（2）对 X、Y1、Y2 的感应器进行清洁。须注意，不要使用有机溶液（如氨水、苏打水或苯）清洁传感器。

（3）取下工作台前盖板，用干净的棉布清洁导向杆及直线导轨。

（4）清洁并润滑直线导轨。

（5）清洁步进电动机，润滑电动机导程螺杆轴。

☆注意

两运输导轨的平行度及与工作平台的平行度在出厂前已调试好。

2. Z 轴升降

Z 轴升降部分的组成如图 6-9 所示。

（1）清洁机器内部脏乱的东西，如锡膏渣。

（2）清洁并润滑升降丝杆和导轨，清洁各电眼。

（3）检查保护 Z 轴安全性的零件调节是否合理，如防撞螺母、安全电眼等。

图 6-9　Z 轴升降部分

3. 运输导轨

（1）检查侧夹机构是否运动平稳，浮动结构是否有发卡现象；检查侧夹机构部位是否残留锡膏，必须经常对侧夹机构进行清洁润滑，如图 6-10 和图 6-11 所示。

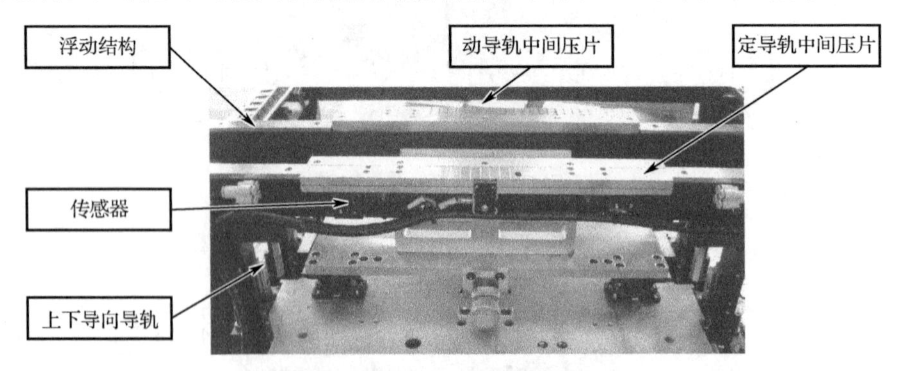

图 6-10　浮动结构中间压板

（2）检查运输导轨用于限位取像的阻挡螺钉的磨损情况，检查到取像位置时，两中间压板的平行度及前后运输导轨的平行度。

（3）检查光电传感器是否正常。

（4）动导轨中间压板要求活动灵活，不能有残留锡膏，要经常进行检查与清洁。

（5）调整运输传送带（图 6-12）的松紧。

（6）对进出板电眼进行清洁。

（7）上下导向导轨是否运动顺畅，并进行清洁润滑。

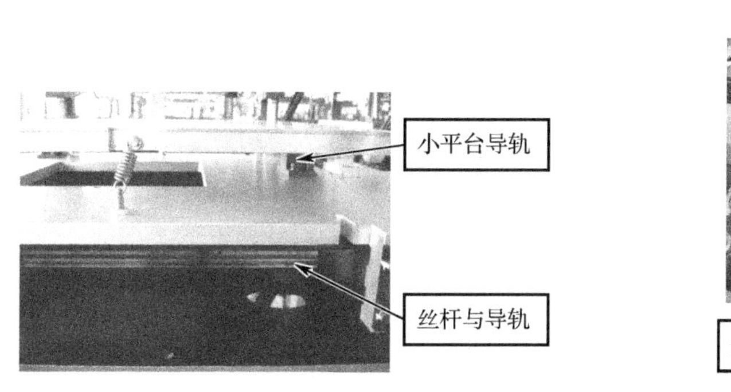

图 6-11 小平台与动导轨清洁润滑

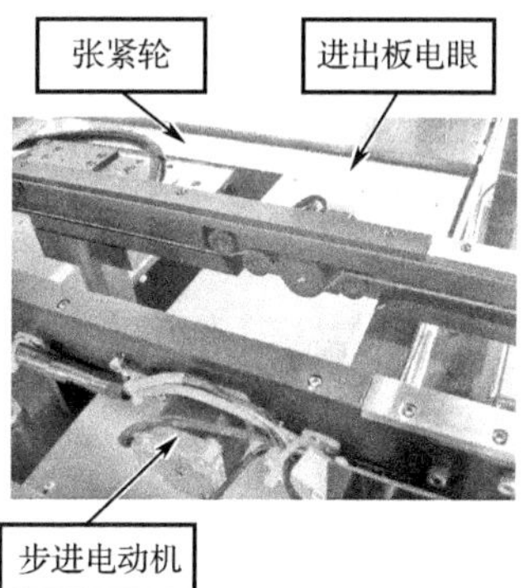

图 6-12 运输传送带

四、CCD 和 X 横梁

CCD-Y 导轨的组成如图 6-13 所示；CCD-X 横梁的组成如图 6-14 所示。

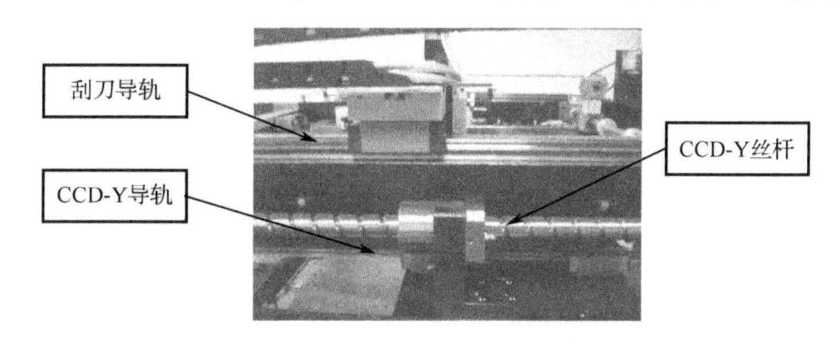

图 6-13 CCD-Y 导轨

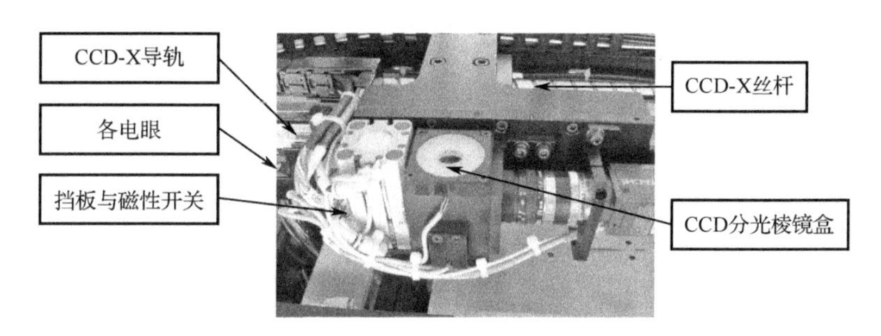

图 6-14 CCD-X 横梁

1. Camera Drive Y

检查 Camera Drive Y 向丝杆与导轨的使用情况，并进行清洁润滑。

2. Camera Drive X

（1）检查 Camera Drive X 向丝杆与导轨的使用情况，并进行清洁润滑。

（2）检查分光棱镜盒的光学玻璃是否有脏污，用不起毛的棉布蘸少量酒精擦拭干净。

（3）检查挡板汽缸是否有磨损漏气，磁性开关是否灵敏正常。

（4）对各电眼进行清洁。

（5）必要时，对 CCD 光轴进行较正。

（6）对 CCD 横梁进行全面的清洁。

五、气路系统

电气控制箱如图 6-15 所示；气动三联体（带压力开关）如图 6-16 所示。

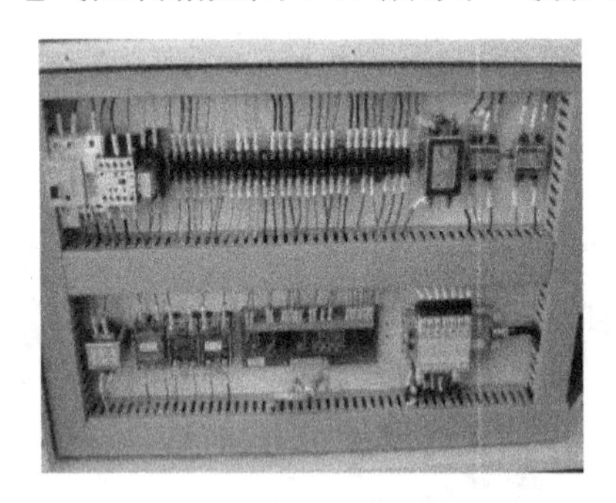

图 6-15　电气控制箱

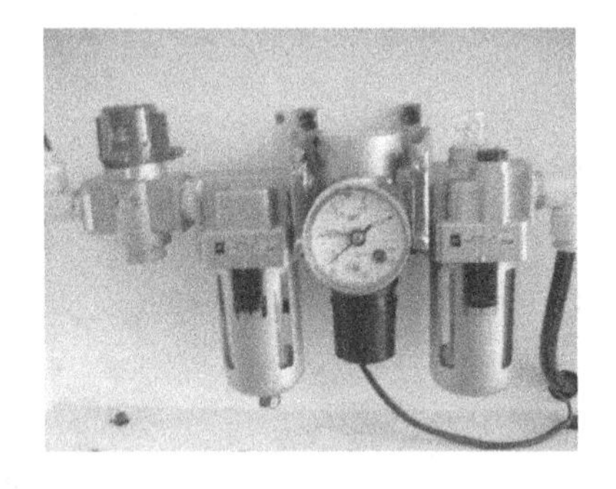

图 6-16　气动三联体（带压力开关）

（1）检查各气管路连接是否良好，特别是用于清洗液运输的管路。

（2）在机器开始工作前，打开机器前下部气动元件柜门。

① 检查空气过滤器是否正常工作。

② 检查各气动元件及管路有无漏气现象。

③ 按照气路原理图检查并调整压力表上的压力，使压力符合如下要求。

- 气路总压力：6kgf/cm^2；
- 刮刀压力：0～10kgf/cm^2；
- 网框夹紧压力：5kgf/cm^2；
- 真空吸压力：4kgf/cm^2。

六、不同用途下所推荐的用油或油脂

不同用途下所推荐的用油或油脂见表 6-1。

表 6-1　不同用途下所推荐的用油或油脂

用　途	产品名称	制造商
一般用途	Alvania Grease No.2	Showa Shell Sekiyu
	Mobilux No.2	Mobil Sekiyu
	Daphny Coronex Green No.2	Ldemitsu Kosan
用于低温	Multemp PS No.2	Kyodo Yushi
用于温度范围很宽	Multemp LRL3	Kyodo Yushi

注：GKG 使用的油脂为 Shell Grease EP No.2。

七、丝杆和导轨的清洗与润滑

丝杆和导轨如图 6-17 所示。

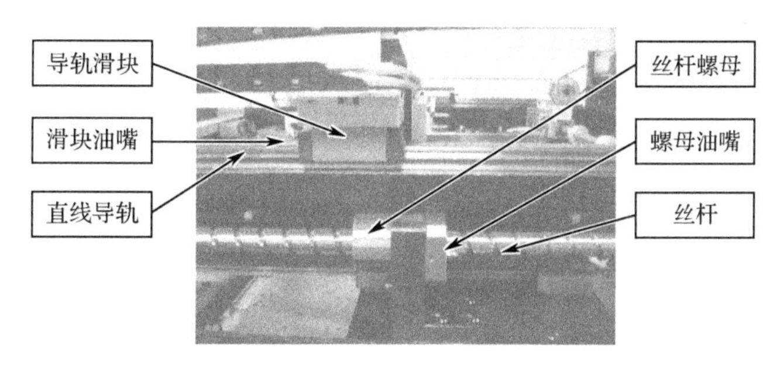

图 6-17　丝杆和导轨

1. 丝杆的清洗与润滑

（1）在滚珠丝杆运行了 2～3 个月后，检查润滑效果是否良好。如果润滑油脂非常脏，须用干净干燥的不起毛的棉布擦去油脂。通常每年都应该检查和更换润滑油脂。

（2）考虑到灰尘的日积月累及在机械安装过程中，外部物质有可能进入，故要将润滑油脂加在单独密封的螺母里。除非特殊情况，否则不要将润滑油脂直接加在丝杆上。

（3）根据丝杆的尺寸和长度，判断在螺母里的润滑油脂的量是否足够。移动螺母，检查与螺母接触过的丝杆沟槽里的润滑油脂是否足够，如不够则应及时添加。

2. 导轨的清洗与润滑

（1）在导轨运行了 2～3 个月后检查润滑效果是否良好。如果润滑油脂非常脏，须用干净干燥且不起毛的棉布擦去油脂。通常每年都应该检查和更换润滑油脂。

（2）加注润滑油脂时，要用油枪将油脂加注在滑块里。除非特殊情况，否则不要将润滑油脂直接加在导轨上。

（3）根据导轨的尺寸和长度，判断在滑块里的润滑油脂的量是否足够。移动滑块，检查与滑块接触过的导轨导槽里的润滑油脂是否足够，如不够则应及时添加。

☆注意

对海顿步进电动机，应当用干净干燥且不起毛的棉布清洁掉脏油脂后，直接将油脂涂在导程丝杆上，并转动丝杆，使螺母前后移动整个丝杆。但应注意，绝不能留下别的脏污东西在丝杆上，特别是硬物。

项目七

锡膏印刷异常处置

任务一　常见印刷缺陷及解决办法

一、印刷缺陷

锡膏印刷是一项十分复杂的工艺，既受材料的影响，又跟设备和参数有着直接关系，通过对印刷过程中各个细小环节的控制，可以防止在印刷中经常出现的缺陷。下面列出了一些常见的印刷不良现象及其原因分析。

1. 锡膏桥接

（1）设备原因。设备参数设置不当，如印刷间隙过大，使锡膏压进网孔较多，锡膏厚度过高。

（2）人为原因。如长时间不清洁网板，上一次残留物就会在网孔中积累，锡膏干化，清洁后还有少量的锡膏残留等。

（3）原材料不良。焊盘比 PCB 表面低。

2. 锡膏少

（1）设备原因。如开孔阻塞或部分锡膏粘在网板底部；印刷后脱模时间过短，下降过快使锡膏未能完全粘在焊盘上，少部分残留在网板网孔中或网板底部。

（2）人为原因。网板长时间不清洁，锡膏干化。

（3）原材料不良。PCB 焊盘污染，锡膏不能很好地粘在焊盘上。

3. 锡膏渣

（1）设备原因。网板与 PCB 之间间隙过大，锡膏残留未能及时清除。

（2）人为原因。网板不干净或清洁后仍有残留。

（3）原材料不良。基本与其他不良现象相似。

（4）锡膏厚度不一致。

4. 锡膏厚度不均

（1）机器的硬件部分原因。

① 升降平台是否干净，如有锡膏洒在平台表面上，或平台表面有其他杂物等，如果太脏会引起表面不平。

② 顶针是否布好、布牢。正确的方法是顶针布好后，用手压在顶针的顶部，用手轻晃，要晃不动才行。

③ 钢网与 PCB 不平行所致。如发现不平行，则要通知售后服务来校正。

④ PCB 的铜箔是否氧化或不良。要客户在生产线上严把质量关。

（2）机器的参数设置部分原因。

① 刮刀的压力设置。如果压力太小，会导致 PCB 上的锡膏量不足；如果压力太大，会导致印刷得太薄。

② 印刷的速度。因为锡膏通过钢网到板上是需要时间的，所以速度不合适会直接影响下锡的效果。

③ 钢网的张力和钢网的厚度。钢网的张力如果太小，会影响到脱模的质量，还有钢网有无堵孔或清洁不彻底等问题。钢网的厚度为 0.12mm 时，印出来的锡膏厚度为 140±30mm；钢网的厚度为 0.15mm 时，则为 170±30mm；如果印出来的锡膏在此范围内，则为正常。

④ 锡膏如搅拌不均匀，会使得锡膏颗粒度不一致；锡膏是否过期或品种规格不对。

⑤ 钢网脱模速度控制。如果太快会引起拉尖，导致上锡不良。

⑥ 钢网上的锡膏量太少或黏度过低。正常情况下，钢网上的锡膏量最小为 500g。

⑦ 钢网的开孔不合理，有待改善。对于有些料的上锡不良或锡膏厚度不够，可采取改善钢网的开孔形状来完善。

二、印刷缺陷及解决办法

印刷缺陷、原因分析及解决办法见表 7-1。

表 7-1　印刷缺陷、原因分析及解决办法

序　号	印刷缺陷	产生原因	解决办法
1	印刷不完整	① 模板孔隙堵塞或模板与 PCB 间距太大； ② 模板上锡膏涂布不匀； ③ 锡膏中不规则的大金属粉粒比例太大，堵塞孔隙	① 清洗窗孔和模板底部； ② 选择黏度合适的锡膏，并使锡膏印刷能有效覆盖整个印刷区域； ③ 选择金属粉末颗粒尺寸与窗口尺寸相对应的锡膏
2	坍塌、桥连	① 刮刀压力太大； ② 模板底面残留锡膏太多； ③ 锡膏黏度太低或金属含量太少，以致无法维持锡膏的站立	① 调整压力； ② 重新固定印制板； ③ 选择合适黏度的锡膏，印刷时保持适宜的环境温度
3	厚度不均匀	① 模板与 PCB 未能很好地平行吻合； ② PCB 焊盘镀层不平、厚度不均； ③ 锡膏搅拌不匀（黏度不匀）	① 调整模板与印制板的相对位置； ② 控制 PCB 焊盘镀层的平面度； ③ 印前充分搅拌锡膏

续表

序号	印刷缺陷	产生原因	防止或解决办法
4	边缘出现锯齿状（解析度不良）	① 锡膏黏度不足； ② 模板孔壁有毛刺、不光滑； ③ PCB 焊盘镀层太厚或阻焊膜边缘破损	① 选择黏度较高的锡膏； ② 制板时严格控制涂敷层厚度； ③ 印刷前检查漏印窗孔加工质量
5	厚度不足	① 模板上锡膏涂布不匀； ② 制作模板的材料太薄； ③ 刮刀压力不当（太小）； ④ PCB 焊盘镀层太厚	① 选择厚度合适的模板； ② 选择颗粒度和黏度合适的锡膏； ③ 高速刮刀压力
6	拉尖	① 模板与 PCB 间距太大； ② 锡膏黏度太大	① 适当调小刮动间隙； ② 选择合适黏度的锡膏
7	偏位	① 机器换线生产，首片印刷偏移； ② PCB Mark 不好； ③ PCB 夹持不好； ④ 机器电眼系统出故障及机器 X、Y 平台有问题	① 调整补偿值； ② 选择 Mark 合适的模板； ③ 调整压板装置，保证夹持稳定； ④ 检查电眼系统及 X、Y 平台部分

任务二　锡膏高度的检测

据统计，组装件的焊点缺陷有一半以上是由印刷不良造成的，因此，在印刷完成后，对锡膏印刷效果进行检查非常必要。传统的做法是在印刷完成之后，安排一个工位进行人工检查，对不合格品进行修补或剔除。但是，目前芯片最细间距已降到 0.5mm，对锡膏印刷进行定性判断已不能满足需要，必须对锡膏的高度（厚度）、宽度、体积等做定量分析，这就要用到先进的测量仪器。

一、测量原理

一般锡膏的印刷高度在 100pm 数量级，无法直接使用测量工具进行测量，通常都是采用间接方式计算其高度。将一束光以 45° 入射角照在被测锡膏上，通过测量该光束在锡膏的顶部和底部的交线在垂直方向上的投影，就可计算出被测物体的高度。

二、自动高度测量仪

早期的测量装置用一个 CCD 摄像机将 PCB 平面图像在显示器上显示出来，显示屏上有上下两条水平线和左右两条竖直线，可通过控制旋钮调节其上下位置，将两条水平线分别与 PCB 上测量光束在锡膏顶部和底部的交线重合，测量仪可根据两个旋钮（电位器）的值计算出锡膏的高度，在屏幕上显示出结果。

目前，最新的高度测量仪采用了高性能的计算机系统并融入先进的数据采集和图像处理技术，只须简单设置，就可让机器完全自动地对一块板或一批板进行测量。

为保证表面贴装产品质量，必须对生产各个环节中有影响的关键因素进行分析研究，找出有效的控制方法。作为关键工序的锡膏印刷更是重中之重，只有制订出合适的参数，并掌握它们之间的规律，才能得到优质的锡膏印刷质量。

参考文献

1．王海峰. 表面组装技术及工艺管理. 北京：电子工业出版社，2015.
2．鲁世金. SMT 基础与技能项目教程. 北京：科学出版社，2015.
3．何丽梅. SMT 技术基础与设备（第 2 版）. 北京：电子工业出版社，2011.
4．顾蔼云. 表面组装技术（SMT）基础与通用工艺. 北京：电子工业出版社，2014.
5．王玉鹏. SMT 生产实训. 北京：清华大学出版社，2012
6．韩满林. 电子表面组装技术（SMT 工艺）. 北京：人民邮电出版社，2010
7．凯格印刷机 GKG-G5 操作说明书，凯格精密机械有限公司.
8．凯格印刷机 GKG-G5 用户手册，凯格精密机械有限公司.

反侵权盗版声明

本书以表面组装技术（SMT）印刷工艺为主线，以典型产品在教学环境中的实施为依托，循序渐进地介绍了SMT锡膏、网板、印刷机、全自动印刷机编程、印刷机的维护与保养等理论知识和常见印刷问题的分析解决等相关知识。在内容选取和结构设计上，既满足理论够用，又注重实操技能的培养。

定价：32.00元

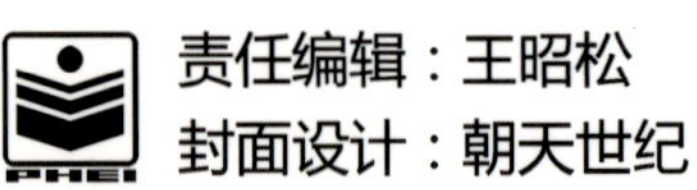

责任编辑：王昭松
封面设计：朝天世纪

基层医生健康教育能力提升丛书

呼吸系统疾病与康复

主编　谭颜华　张淑霞

人民卫生出版社